GIDE, éditeur, 5 rue Bonaparte, PARIS

ATLAS DU COSMOS

CONTENANT LES

CARTES ASTRONOMIQUES, TERRESTRES, PHYSIQUES ET GÉOGRAPHIQUES

RELATIVES AUX ŒUVRES DE

A. DE HUMBOLDT ET F. ARAGO

Publié sous la direction de

M. J.-A. BARRAL

Le lecteur des Œuvres d'Alexandre de Humboldt et de François Arago a besoin, pour suivre les développements que ces deux illustres savants donnent sur les phénomènes que présente le monde physique, de recourir à des cartes qui permettent de fixer dans l'esprit les idées inspirées par la contemplation du Cosmos, à des représentations graphiques qui peignent aux yeux les résultats des investigations de la science. Il n'existe en France aucune collection complète de pareilles cartes, tandis qu'en Allemagne on a l'Atlas physique de Berghaus, et en Angleterre l'Atlas de Johnston. Mais ces deux ouvrages sont d'un prix très-élevé, et en outre ils ne se rapportent qu'à l'étude du globe terrestre, tandis que de Humboldt et Arago envisagent dans leurs ouvrages immortels le monde physique tout entier. L'Atlas du *Cosmos*, digne de servir de complément aux OEuvres de tels savants, doit donner le ciel étoilé et toutes ses splendeurs, le monde planétaire, la Terre enfin envisagée au point de vue de la météorologie, de la climatologie, du magnétisme, de la géologie, de l'hydrologie, de la géographie, des animaux, de l'histoire des découvertes successives de l'homme et de la marche de la civilisation.

De Humboldt, dans le *Cosmos*, trace à grands traits l'histoire du monde et envisage les phénomènes physiques plutôt dans leur ensemble que dans leurs détails minutieux. Dans les autres parties de ses OEuvres, l'illustre savant ne s'attache à des faits spéciaux que pour marquer leur place dans le tableau général de la nature. Arago poursuit aussi la découverte des grandes lois de la nature à travers les accidents des phénomènes. Les cartes destinées à suivre les développements dans lesquels entrent Arago et de Humboldt doivent en conséquence présenter les faits par grandes masses ; cependant des cartes spéciales donneront, autant qu'il sera nécessaire, toutes les particularités utiles à l'intelligence des passages qui ont besoin des secours du dessin.

Un texte court et précis accompagnera chaque carte de l'Atlas du *Cosmos* ; il décrira succinctement les objets représentés et renverra aux parties des OEuvres qui y sont relatives.

Le format de la plupart des atlas est incommode ; la nécessité de donner aux cartes un développement suffisant conduit à adopter des dimensions qui ne permettent pas de les placer dans les bibliothèques ordinaires. Pour obvier à ce grave inconvénient, on a adopté des dimensions moyennes, et on laisse aux souscripteurs le choix de plier et de relier l'Atlas soit in-folio et oblong, soit in-folio et debout, soit in-4°, avec les cartes collées sur onglet et le texte plié.

Les cartes sont dressées par M. Vuillemin, avec un soin excessif, d'après les documents les plus précis et les plus récents ; la gravure est confiée à M. Jacobs, connu par des travaux si éxacts. Rien ne manquera à l'exécution matérielle, qui doit être parfaite, pour qu'une telle entreprise donne une complète satisfaction à toutes les exigences de la science.

M. Barral, qui a été chargé de la publication des OEuvres de François Arago et qui a relu les épreuves d'un grande partie de la traduction du *Cosmos*, a accepté de diriger la publication de cet Atlas, qui forme en quelque sorte le complément de la tâche qui lui est incombée de ne rien négliger pour mettre en lumière les OEuvres de deux grands hommes unis par l'amitié et par les travaux durant un demi-siècle. M. Barral a rédigé en outre le texte explicatif de chaque planche.

CONDITIONS DE LA SOUSCRIPTION :

L'Atlas du *Cosmos* paraît en livraisons composées de deux ou de trois cartes, avec autant de feuilles de texte.

Le prix de chaque livraison est de 3 francs.

ON SOUSCRIT

A Paris, chez GIDE, éditeur, 5, rue Bonaparte,

Et chez les principaux libraires de France
et de l'Étranger.

PARIS. — IMPRIMERIE DE J. CLAYE, 7 RUE SAINT-BENOIT.

ATLAS

DU

COSMOS

CONTENANT LES CARTES

GÉOGRAPHIQUES, PHYSIQUES, THERMIQUES
CLIMATOLOGIQUES, MAGNÉTIQUES, GÉOLOGIQUES, BOTANIQUES, AGRICOLES
ASTRONOMIQUES, ETC.

APPLICABLES A TOUS LES OUVRAGES

DE SCIENCES PHYSIQUES ET NATURELLES

ET PARTICULIÈREMENT AUX ŒUVRES

D'ALEXANDRE DE HUMBOLDT ET DE FRANÇOIS ARAGO

DRESSÉES PAR M. VUILLEMIN

Gravées sur acier par M. Jacobs

SOUS LA DIRECTION DE

M. J.-A. BARRAL

ÉDITÉ PAR L. GUÉRIN

VENTE ET DÉPOT A LA
LIBRAIRIE THÉODORE MORGAND, 5, RUE BONAPARTE, A PARIS

1867

CARTE DES DEUX HÉMISPHÈRES CÉLESTES

La carte des deux hémisphères célestes a principalement pour but de permettre aux lecteurs du *Cosmos* de suivre les détails donnés par de Humboldt sur l'astronomie sidérale, dans les tomes I et II de son grand ouvrage; elle complète, en outre, les cartes de l'*Astronomie populaire* d'Arago, parce que, étant sur un format plus étendu que ces dernières, elle renferme plus d'étoiles, et aussi parce qu'elle présente le ciel étoilé sous un aspect un peu différent. Dans l'*Astronomie populaire*, les étoiles sont projetées sur un plan mené tangentiellement au pôle boréal de la sphère céleste, c'est-à-dire perpendiculaire en ce point à l'axe du monde; il en résulte que, pour l'hémisphère boréal, les étoiles se montrent sur la carte en sens inverse de celui sur lequel elles s'aperçoivent, quand on dirige les yeux vers les constellations. Dans la carte de cet atlas au contraire, les projections sont faites sur l'équateur lui-même; le lecteur voit le ciel boréal comme il l'aperçoit du centre de la terre, en se tournant successivement vers toutes ses parties.

Humboldt, après avoir donné un tableau général du ciel dans le tome Ier du *Cosmos* (p. 79 à 475), a successivement décrit, dans le tome III (p. 29 à 416), tous les grands phénomènes de l'univers étoilé. Mais il est impossible de se reconnaître au milieu de ce nombre infini de mondes si divers et en même temps si semblables au premier aspect pour notre nature bornée, sans une classification qui serve de guide. « Au milieu, dit-il (t. III, p. 129), de cette multitude d'astres grands et petits, dont la voûte céleste est semée comme par hasard, le regard s'arrête spontanément sur des groupes d'étoiles brillantes, associées en apparence par une proximité frappante, ou bien sur des étoiles remarquables par leur éclat et par un certain isolement dans la région qu'elles occupent. Ces groupes naturels font pressentir obscurément un lien, une dépendance quelconque entre les parties et l'ensemble. Ils ont été remarqués à toutes les époques, même par les races d'hommes les plus grossières. Les recherches que l'on a faites sur les langues de plusieurs tribus sauvages en font foi; on retrouve même presque toujours, d'une race à l'autre, des groupes identiques sous des noms différents, et ces noms, empruntés d'ordinaire au règne organique, donnent une vie fantastique à la solitude et au silence des cieux. » Telle est l'origine des constellations qui, au nombre de quarante-huit, dans le catalogue de Ptolémée, a été successivement augmenté par Tycho-Brahé, Bayer, Royer, Hévélius, Halley, Flamsteed, Lacaille, Lemonnier, Lalande, Poczobut, le père Hell, Bode, et se trouve être maintenant de cent dix-sept. « Par flatterie, par reconnaissance, par caprice, on a fait figurer dans le ciel des noms de princes, de grands hommes, d'animaux et d'instruments de toutes sortes. » Ainsi s'exprime Arago, en donnant de complets renseignements sur la nomenclature céleste (*Astronomie populaire*, t. Ier, p. 307 à 348).

Si l'on se place au centre de la carte, et que l'on marche de gauche à droite, en sens contraire du mouvement diurne apparent, de manière à se rapprocher de plus en plus de la circonférence de l'équateur, on trouve les soixante-trois constellations suivantes de l'hémisphère boréal :

La petite Ourse, *ou* le petit Chariot, *ou* Cynosure, *ou* la Queue du chien,
Le Dragon,
Céphée,
Cassiopée,
Le Renne,
Le Messier,
La Girafe, *ou* le Caméléopard,
La grande Ourse, *ou* le grand Chariot, *ou* le Chariot de David,
Les Lévriers, *ou* Astérion et Chara, *ou* les Chiens de chasse, *ou* le fleuve Jourdain,
Le Cœur de Charles II,
Le Bouvier, *ou* le Gardien de l'Ourse,
Le Quart de cercle mural,
La Couronne boréale,
Hercule, *ou* l'Homme à genoux,
La Massue,
Le Rameau et Cerbère,
La Lyre, *ou* le Vautour tombant,
Le Cygne,
Le Lézard, *ou* le Sceptre et la Main de justice,
Les Honneurs de Frédéric,
Andromède,
Le Triangle,
Le petit Triangle,
La Mouche, *ou* la Fleur de Lis,
Persée,
La Tête de Méduse,
Le Cocher,
Les Chevreaux, *ou* les Boucs,
Le Télescope d'Herschel,
Le Lynx,
Le petit Lion,
La Chevelure de Bérénice,
La Vierge, *ou* Cérès,
Le Mont Ménale,
La Balance, *ou* les Serres du Scorpion,
Le Serpent,
Ophiucus,
Le Taureau royal de Poniatowski,
L'Aigle,
Antinoüs,
La Flèche,
Le Renard et l'Oie, *ou* le Fleuve du Tigre,
Le Dauphin,
Le petit Cheval,
Le Verseau,
Pégase,
Les Poissons,
Le Bélier,
La Baleine,
Le Taureau,
Les Pléiades, *ou* la Poussinière,
Les Hyades,
La Harpe de Georges,
L'Éridan, *ou* le Fleuve d'Orion,
Orion,
La Licorne, *ou* le Monocéros,
Les Gémeaux,
Le petit Chien,
Le Cancer, *ou* l'Écrevisse,
Les deux Ânes et Praesepe, *ou* l'Établc, *ou* la Crèche,
L'Hydre femelle, *ou* la Couleuvre,
Le Sextant d'Uranie,
Le Lion.

Si l'on se place au centre du plan sur lequel est projeté l'hémisphère austral, et que l'on marche encore de gauche à droite, dans le sens du mouvement diurne pour ce côté du ciel, on trouve les constellations suivantes :

L'Octant, *ou* le Quartier de réflexion,
Le Caméléon,
Le Monde austral, *ou* l'Abeille,
L'Oiseau de Paradis, *ou* l'Oiseau indien, *ou* l'Oiseau sans pieds,
Le Paon,
L'Indien,
Le Toucan, *ou* l'Oie d'Amérique,
Le petit Nuage,
L'Hydre mâle, *ou* le Serpent austral,
La Montagne de la Table,
Le grand Nuage,
Le Réticule rhomboïde,
La Dorade,
Le Chevalet du Peintre,
Le Poisson volant.

Le Navire, *ou* le Vaisseau, *ou* Argo, *ou* le Chariot de mer,
Le Chêne de Charles II,
La Croix du Sud, *ou* le Trône de César,
Le Centaure,
Le Loup, *ou* la Lance du Centaure, *ou* la Panthère, *ou* la Bête,
Le Compas,
Le Triangle austral,
L'Équerre et la Règle,
L'Autel, *ou* la Cassolette,
Le Télescope,
La Couronne australe, *ou* le Caducée, *ou* Uraniscus,
Le Sagittaire,
Le Microscope,
La Grue,
Le Phénix,
L'Éridan,   (En partie sur l'hémisphère boréal.)
L'Horloge,
Le Burin,
La Colombe, *ou* la Colombe de Noé,
Le Lièvre,
Le grand Chien,
L'Atelier de typographie,
La Boussole, *ou* le Compas de mer,
Le Loch,
Le Chat,
La Machine pneumatique,
L'Hydre femelle,   (En partie sur l'hémisphère boréal.)
La Coupe, *ou* l'Urne, *ou* le Vase,
Le Corbeau,
La Vierge,   (En partie sur l'hémisphère boréal.)
Le Solitaire,
La Balance,   (En partie sur l'hémisphère boréal.)
Le Scorpion,
Ophiuchus,   (En partie sur l'hémisphère boréal.)
Le Serpent,   (En partie sur l'hémisphère boréal.)
L'Écu, *ou* le Bouclier de Sobieski, (En partie sur l'hémisphère boréal.)
Antinoüs,   (En partie sur l'hémisphère boréal.)
Le Capricorne,
Le Verseau,   (En partie sur l'hémisphère boréal.)
L'Aérostat,
Le Poisson austral,
L'Atelier du sculpteur,
La Baleine,   (En partie sur l'hémisphère boréal.)
Les Poissons,   (En partie sur l'hémisphère boréal.)
La Machine électrique,
Le Fourneau chimique,
La Harpe de Georges,   (En partie sur l'hémisphère boréal.)
Le Sceptre de Brandebourg,
Orion,   (En partie sur l'hémisphère boréal.)
L'Épée,
Le Baudrier, *ou* le Râteau, *ou* les Trois Rois, *ou* le Bâton de Jacob,
La Licorne,   (En partie sur l'hémisphère boréal.)
Le Sextant d'Uranie,   (En partie sur l'hémisphère boréal.)
Le Lion,   (En partie sur l'hémisphère boréal.)
Parmi ces constellations, il s'en trouve cinquante-quatre qui n'ont aucune de leurs parties sur l'autre hémisphère.

Dans chacune des constellations les étoiles ont reçu des noms qui sont les lettres de l'alphabet grec, puis de l'alphabet latin, en commençant par la première lettre de chaque alphabet pour l'étoile la plus brillante du groupe, en donnant à la seconde étoile le nom de la deuxième lettre, et ainsi de suite. Quelques étoiles sont d'ailleurs désignées par des numéros des catalogues où leurs coordonnées ont été inscrites pour la première fois.

Les étoiles ont en outre été divisées dans leur ensemble en ordres de grandeurs; cette division a été arbitrairement faite sans base d'appréciation certaine; mais elle est admise par tous les astronomes, et la carte ci-jointe l'a adoptée en représentant par un signe particulier chaque ordre de grandeur; on s'est arrêté au sixième ordre qui représente à peu près la limite des étoiles visibles à l'œil nu.

Le *Cosmos* (t. III, p. 106 à 411) donne des tables des mesures photométriques des principales étoiles, et en outre des aperçus sur le nombre des étoiles de chaque grandeur.

De Humboldt emploie souvent pour désigner les principales étoiles des noms particuliers que les poètes, les historiens, le vulgaire même ont consacrés autant que les astronomes. Ces noms figurent sur la carte; ce sont :
Sirius, *ou* α du grand Chien; c'est l'étoile la plus brillante du firmament,
Canopus, *ou* α d'Argo,
Arcturus, *ou* α du Bouvier,
Rigel, *ou* le pied, *ou* β d'Orion,
La Chèvre, *ou* α du Cocher,
Wega, *ou* α de la Lyre,
Procyon, *ou* α du petit Chien,
Bételgeuse, *ou* α, *ou* l'Étoile de l'épaule droite d'Orion,
Achernard, *ou* α d'Éridan.
Aldébaran, *ou* α, *ou* l'Œil du Taureau,
Antarès, *ou* α, *ou* le Cœur du Scorpion,
Atair, *ou* α de l'Aigle,
L'Épi, *ou* α de la Vierge.
Fomalhaut, *ou* α, *ou* la Bouche du Poisson austral,
Castor, *ou* α, *ou* l'étoile brillante située sur la tête la plus occidentale des Gémeaux,
Pollux, *ou* β, *ou* l'étoile brillante située sur la tête la plus orientale des Gémeaux.
Régulus, *ou* α, *ou* le Cœur du Lion,
Dénébola, *ou* β du Lion.
Bellatrix, l'étoile de l'épaule gauche (γ) d'Orion,
Markab, *ou* α de Pégase, l'étoile brillante située dans l'aile,
Algenib, *ou* γ de Pégase, l'étoile brillante située à l'extrémité de l'aile,
Shéat, *ou* γ de Persée, l'étoile brillante située dans l'épaule droite,
Algol, *ou* β, *ou* l'étoile la plus brillante de la tête de Méduse.
La Perle, *ou* α de la Couronne boréale,
Deneb, *ou* α du Cygne,
La Vendangeuse, *ou* ι, l'étoile située près de la main droite de la Vierge,
Le Cœur, *ou* α de l'Hydre femelle,
Mira, *ou* Mira ceti, *ou* ι, l'étoile périodique du col de la Baleine,
La Polaire, *ou* la Tramontane, *ou* α de la petite Ourse,
Alcor, *ou* g de la queue de la grande Ourse, étoile de 5e à 6e grandeur, appelée, dit de Humboldt, Saïdak par les Arabes, c'est-à-dire l'épreuve, parce qu'ils s'en servaient pour éprouver la perte de la vue.
Les étoiles doubles et les nébuleuses ont été marquées autant qu'il a été possible pour le format de la carte.
La Voie lactée, à la quelle Humboldt a consacré un des articles les plus intéressants du *Cosmos* (t. III, p. 412 à 465 et 316 à 345) et dont l'étude est résumée dans le livre XII de l'*Astronomie populaire* d'Arago (t. II, p. 4 à 55), a été dessinée avec soin; la carte donne fidèlement les grands traits de ce grand phénomène céleste où les astronomes pensent surprendre sur le fait la formation des mondes toujours active.

CARTE DES DEUX HÉMISPHÈRES CÉLESTES.

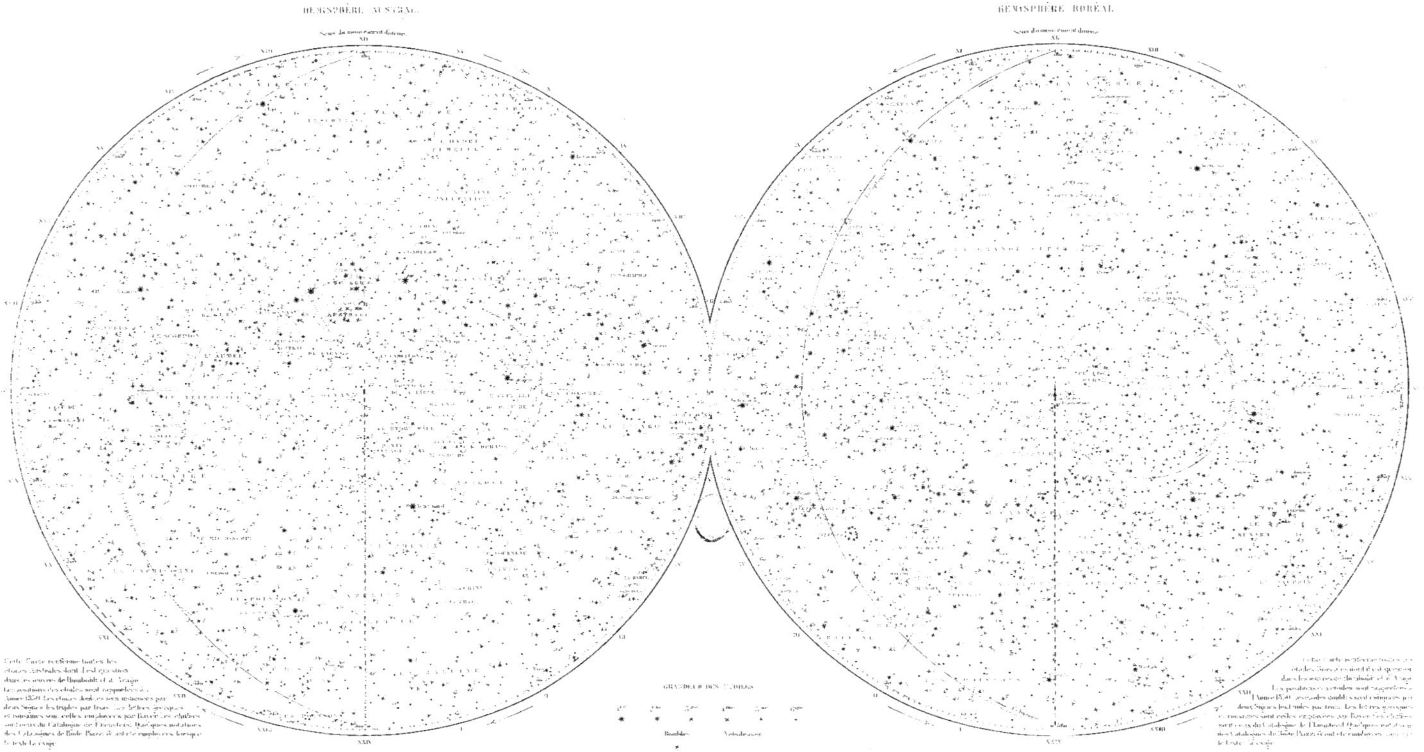

HÉMISPHÈRE AUSTRAL.

HÉMISPHÈRE BORÉAL.

GRANDEUR DES ÉTOILES

CARTE DU BASSIN DE LA MÉDITERRANÉE

La carte du bassin de la Méditerranée est destinée à être placée sous les yeux du lecteur qui veut suivre les développements donnés par de Humboldt dans le tome deuxième du *Cosmos*, sur l'agrandissement successif du monde.

C'est dans l'étroit bassin limité, ainsi que le dit Platon dans le *Phédon*, entre le Phase et les Colonnes d'Hercule, que l'histoire de l'humanité et de l'accroissement indéfini des connaissances humaines a son point de départ. Les différents peuples, auxquels a appartenu le gouvernement du monde civilisé, ont successivement assis leurs empires sur les rives des mers qui forment une série de bassins intérieurs depuis le Phase, au fond du Pont-Euxin (mer Noire), jusqu'aux Colonnes d'Hercule, placées au détroit de Gadès ou de Gibraltar, en passant par le Bosphore, la mer de Marmara, les Dardanelles, la mer Égée, la mer Ionienne, la mer Adriatique et la mer Tyrrhénienne. Tel a été le berceau du monde d'où sont partis les hardis explorateurs qui ont fait la conquête de la terre entière.

Les mêmes lieux étant successivement occupés par des colonies diverses, les civilisations se succédant les unes aux autres, les vieilles villes disparaissant parfois dans des ruines complètes pour laisser passer de nouvelles dominations, la carte du bassin de la Méditerranée est destinée à faciliter l'étude d'un mouvement en quelque sorte désordonné et convulsif, d'où est sorti le monde moderne. Les mêmes contrées ont reçu de leurs dominateurs successifs des noms différents. Pour que les idées du lecteur puissent se fixer nettement, on a pris le soin de faire suivre, dans les inscriptions que porte la carte, les noms anciens des noms modernes placés entre parenthèses; mais, afin d'éviter toute confusion dans le dessin, les délimitations des pays n'ont pas été indiquées : on a seulement tracé sur la carte, avec la plus scrupuleuse fidélité, la configuration physique des lieux, le parcours des fleuves, les chaînes de montagnes. À cet effet, on s'est servi de nombreux documents qu'il est utile de signaler au lecteur. Les cartes et les ouvrages suivants ont été consultés et donnent la justification de toutes les parties de l'œuvre vraiment nouvelle qui constitue la carte ci-jointe due aux études approfondies de M. Vuillemin.

De la politique et du commerce des peuples de l'antiquité, par Heeren;

Vocabulaire des noms géographiques et historiques de la langue latine, par L. Quicherat;

Géographie ancienne abrégée, par d'Anville;

Géographie politique de la République romaine et de l'Empire, par V. Duruy;

Géographie ancienne, par Th. Burette;

Mélanges de géographie et d'histoire, par Fortia d'Urban;

Atlas antiquus (editio secunda), delineavit Dr C. de Spruner;

Carte de l'Océan Atlantique septentrional, dressée en 1852 au dépôt de la marine, par Daussy;

Carte générale de la mer Méditerranée, dressée au dépôt de la marine, par Keller;

Carte générale de l'Algérie, dressée au dépôt de la guerre, 1856;

Carte de l'Asie Mineure, par P. de Tchihatcheff;

Carte de l'Asie centrale, par A. de Humboldt;

Carte de la Régence de Tripoli, par Prax et Renou;

Carte de l'empire du Maroc, dressée au dépôt de la guerre, par le capitaine Beaudoin;

Die Nilländer (*Neuer Handatlas*), von H. Kiepert;

General-Karte, von der Europäischen Türkei, von H. Kiepert;

Vorder-Asien (*Neuer Handatlas*), von H. Kiepert;

Carte générale de la mer Noire, dressée d'après les cartes russes, par Robiquet, 1855;

Das Mittelländische und Schwarze Meer, nebst Übersicht der Länder des Osmanischen Reichs, von F. von Stülpnagel und H. Berghaus;

Russland (*Neuer Handatlas*), von H. Kiepert;

Les seules parties du monde qui ne figurent pas dans la carte du bassin de la Méditerranée, quoique les anciens y aient abordé, sont le continent indien et la côte occidentale de l'Afrique. En ayant recours à la carte générale de cet atlas, dans laquelle sont tracés les itinéraires des grands voyages de découvertes successivement entrepris depuis les temps les plus reculés jusqu'à nos jours, le lecteur trouvera les lieux indiqués par de Humboldt dans le chapitre du *Cosmos* consacré au développement de la civilisation, et qui n'ont pu être placés dans la carte spéciale du bassin de la Méditerranée.

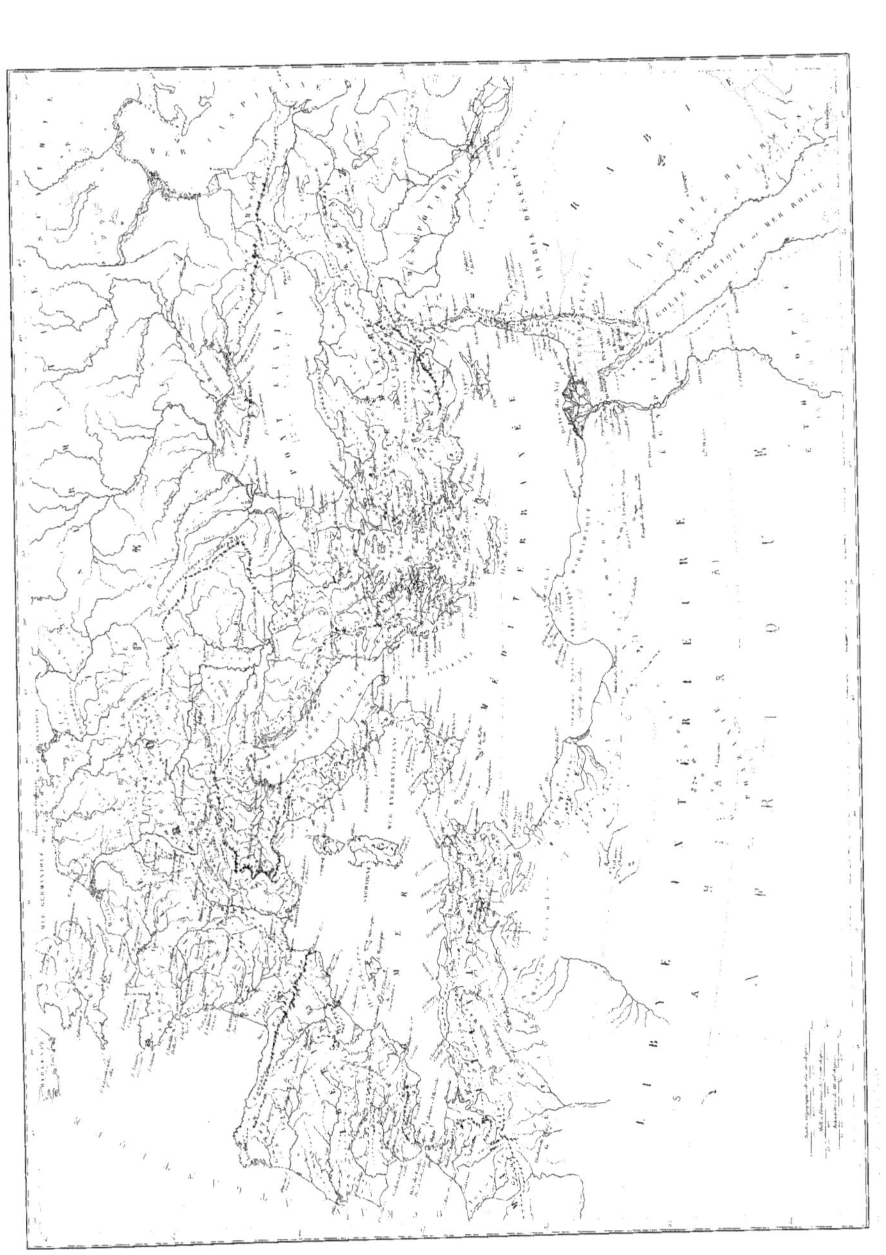

PROJECTION STÉRÉOGRAPHIQUE POLAIRE DES DEUX HÉMISPHÈRES TERRESTRES

LIGNES ISOTHERMES

La carte des lignes isothermes des deux hémisphères de la Terre a pour but de peindre aux yeux la répartition de la chaleur à la surface de notre globe. Ce sujet a été abordé pour la première fois par Alexandre de Humboldt, dans un Mémoire publié en 1817, dans le tome III des Mémoires de la Société d'Arcueil, sous le titre suivant : *Des lignes isothermes et de la distribution de la chaleur sur le globe.* François Arago a donné un résumé de cette dissertation dans l'*Annuaire du bureau des longitudes* pour 1820. Le Mémoire de 1817 a été reproduit en entier dans le volume intitulé : *Mélanges de géologie et de physique générale,* que Humboldt a publié en 1853 : l'illustre savant a introduit alors dans les tables des lignes isothermes qui accompagnaient son travail primitif un grand nombre de stations qui avaient été insérées en 1844 dans la traduction en allemand de l'*Asie centrale* donnée par Mahlmann, ou bien qui lui ont été fournies par son ami le professeur Dove. Les tables thermiques perfectionnées, ainsi établies en 1853, se trouvent dans les *Mélanges* (p. 334 à 371); elles renferment 506 stations rangées suivant la progression des chiffres qui représentent la température moyenne de l'année, en allant des températures les plus froides à des températures de plus en plus élevées.

Les lignes isothermes ont été étudiées par *Arago* dans le tome IV° de l'*Astronomie populaire,* p. 608 et suiv., et dans sa Notice sur l'état thermométrique du globe terrestre, tome V des *Notices scientifiques,* tome VIII des *Œuvres,* p. 562 et suiv.

La distribution de la chaleur à la surface de notre globe dépend de l'action plus ou moins énergique des rayons solaires. En chaque lieu, la température est modifiée d'une époque de l'année à l'autre par la position de la Terre relativement au Soleil, ce qui produit le phénomène des saisons. Les variations thermométriques sont différentes sous les diverses latitudes, de telle sorte que les climats peuvent être comparés par les températures que les diverses régions de la Terre présentent, soit en hiver, soit en été. Mais on peut aussi faire disparaître l'influence des saisons et obtenir l'état calorifique moyen de chaque lieu. A cet effet, on commence par prendre pour un lieu déterminé la moyenne entre la température maximum et la température minimum de chaque jour; on obtient ainsi les températures moyennes diurnes de tous les jours de l'année : la moyenne entre ces 365 températures diurnes donne la température moyenne annuelle.

Quand on a réuni des séries d'observations journalières suffisamment prolongées et faites sur un grand nombre de points distribués sur toute la surface de la Terre et placés soit au niveau de la mer, soit à de petites hauteurs au-dessus de ce niveau, on peut tracer sur une carte géographique des lignes continues passant par tous les points qui présentent à peu près la même température moyenne annuelle. Ce sont ces lignes qu'on appelle *isothermes.* Pour les lieux dont les altitudes sont considérables, on peut réduire par le calcul leurs températures observées à ce qu'elles seraient si les localités étaient ramenées au niveau de l'Océan.

La carte ci-jointe donne le tracé des lignes isothermes pour les températures moyennes de — 15°, — 10°, — 5°, — 0°, + 5°, + 10°, + 15°, + 20°, + 25°, et divise ainsi la surface de la Terre suivant des bandes isothermes variant de 5 en 5 degrés du thermomètre centigrade. Dans le tome Ier du *Cosmos,* page 367 et suiv., de Humboldt montre le non-parallélisme des lignes isothermes par rapport aux parallèles terrestres, et fait voir que leurs inflexions signalent les causes qui modifient plus ou moins profondément la température sous les diverses latitudes géographiques. La douceur relative des climats des diverses régions aussi bien que leur rigueur sont ainsi mises en évidence, et on voit par exemple que la bande isotherme tempérée de + 10° à + 15°, qui, en Europe, règne du 50° au 42° degré de latitude, se rencontre dans l'Amérique du Nord par les latitudes beaucoup plus méridionales de 40° à 36° de latitude.

Les températures moyennes les plus élevées que l'on ait observées dans les régions équatoriales sont comprises entre + 27° et + 29°. On donne le nom d'*équateur thermique* à la ligne qui réunit tous les points ayant la température moyenne annuelle la plus haute : cette ligne est marquée + 28° sur la carte. L'équateur thermique n'est pas parallèle à l'équateur terrestre; il s'en éloigne dans l'hémisphère nord jusqu'à s'approcher du parallèle de 15° en Afrique et dans la mer des Indes; il pénètre dans l'hémisphère sud au delà de Bornéo pour s'approcher de la nouvelle Guinée et des îles Salomon dans l'Océanie. L'équateur thermique rentre dans l'hémisphère nord vers 155°

de longitude ouest, se dirige vers la Nouvelle-Grenade, Vénézuéla et la Guyane dans l'Amérique du Sud : il traverse ensuite l'océan atlantique pour pénétrer en Afrique par la Guinée.

Arago a inséré, dans sa Notice sur l'état thermométrique du globe terrestre, une dissertation sur les températures des régions arctiques : on y lit que d'après Berghaus, il existe probablement deux pôles de froid, l'un en Amérique par 78° de latitude nord et 97° de longitude ouest, l'autre en Asie par 79° 30' de latitude nord et par 110° de longitude est; ces deux pôles sont marqués en P et P' sur la carte; ils ont été obtenus par le calcul et non pas par des observations directes. La première des lignes isothermes qui les entourent a seule été observée sur une partie de son contour. Arago estime que les pôles de froid doivent avoir une température moyenne très-approchée de — 25°.

Les lignes isothermes de l'hémisphère sud de la Terre sont beaucoup moins étudiées que celles de l'hémisphère nord. La carte donne seulement pour l'hémisphère austral les lignes isothermes de 0°, + 5°, + 10°, + 20° et + 25°. Dans l'état actuel de nos connaissances en météorologie, on ne peut rien dire de positif sur l'état thermométrique des régions polaires antarctiques, et il n'est pas possible de trouver, comme pour l'hémisphère boréal, les lignes isothermes de — 5°, — 10° et — 25°.

La carte ci-jointe représente les deux hémisphères terrestres en projection stéréographique faite sur l'équateur terrestre. (Voir l'*Astronomie populaire* d'Arago, t. III, p. 344.)

PROJECTION STÉRÉOGRAPHIQUE POLAIRE DES DEUX HÉMISPHÈRES.

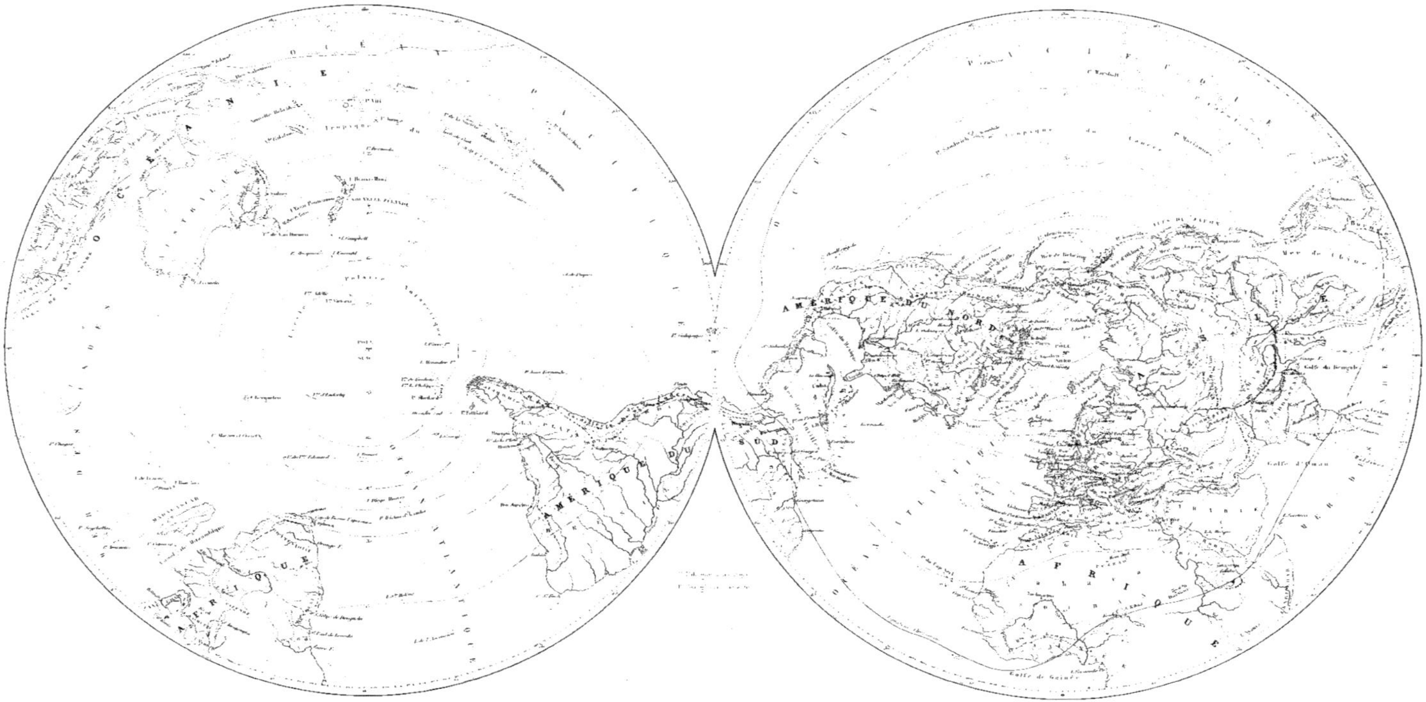

PROJECTION STÉRÉOGRAPHIQUE POLAIRE DES DEUX HÉMISPHÈRES TERRESTRES

LIGNES ISODYNAMIQUES

Le tracé des lignes isodynamiques sur les deux hémisphères terrestres a pour but de peindre aux yeux la répartition, sur les divers points de la surface de la terre, de l'intensité de la force magnétique, c'est-à-dire de la force qui, en un lieu quelconque, oblige un aimant, librement suspendu par son centre de gravité, à prendre une position déterminée.

Les lignes isodynamiques sont celles sur lesquelles un observateur, qui s'y transporterait, obtiendrait le même nombre d'oscillations, pendant le même temps, soit avec une aiguille d'inclinaison placée dans le méridien magnétique de chaque lieu et pouvant tourner autour d'un axe perpendiculaire au méridien magnétique, soit encore avec une aiguille horizontale de déclinaison pouvant tourner autour d'un axe vertical.

La pensée de faire une semblable étude et de comparer les nombres des oscillations exécutées dans le même temps, et dont les carrés sont proportionnels aux forces magnétiques ou à leurs composantes horizontales, est due tout entière, dit de Humboldt (*Cosmos*, t. IV, p. 71), à la pénétration du chevalier Borda; c'est grâce à ses instances que les voyageurs constatèrent les variations du phénomène et la loi de l'accroissement de l'intensité, lorsque de l'équateur on marche vers les deux pôles terrestres, et qui fut aperçue en partie pour la première fois par Lamanon dans la malheureuse expédition de La Pérouse. « C'est l'excellente disposition, ajoute de Humboldt (*ibid.*, p. 557), de la boussole d'inclinaison construite par Lenoir, sur les indications de Borda, qui a rendu possible la mesure exacte de la force terrestre sous les différentes latitudes, en permettant à l'aiguille d'osciller librement et de décrire de plus grands arcs de cercle, en diminuant d'une manière notable le frottement des pivots, et grâce au soin pris d'adapter des pinnules à l'appareil. » Mais cette loi n'a reçu véritablement une existence scientifique qu'après les observations faites par de Humboldt lui-même, de 1798 à 1805, dans la France méridionale, en Espagne, dans les îles Canaries, dans l'Amérique tropicale, sur l'Océan atlantique et sur la mer du Sud.

Le premier essai d'un tableau de l'intensité magnétique fut donné dans le *Voyage aux régions équinoxiales du nouveau continent*, t. III, p. 615-623. Plus tard d'autres observations démontrèrent que s'il reste constant que le minimum d'intensité répond à l'équateur magnétique, l'intensité ne va pas en croissant tout à fait jusqu'aux pôles magnétiques. Les cartes de Hansteen donnèrent en 1819 les premières courbes isodynamiques de quelque exactitude qui furent publiées. Mais dès 1841 Arago remarqua (Rapport sur le voyage de l'*Érynie*, t. IX des *Œuvres*, p. 153), que les courbes d'égale intensité ont sur le globe des formes tellement singulières, qu'il n'est pas possible de les déterminer par des interpolations, et qu'il est absolument nécessaire de beaucoup multiplier les observations directes. Depuis cette époque, le grand nombre de voyages scientifiques qui ont été exécutés ont permis d'accumuler les déterminations, mais longtemps encore le problème devra être recommandé à la sagacité des membres des expéditions scientifiques qui parcourront la surface de notre globe dans tous les sens et sous tous les climats. La continuation des observations est d'autant plus nécessaire que l'intensité de la force terrestre mesurée sur des points déterminés du globe a, comme tous les phénomènes magnétiques, des variations horaires et des variations séculaires.

La carte que nous donnons représente l'état de la science au delà du milieu du XIXe siècle. Cet état a été admirablement résumé par de Humboldt dans le quatrième volume du *Cosmos* (p. 101 à 118), et le tableau qu'on lui doit restera comme une base précieuse, sur laquelle reposeront toutes les découvertes futures sur ce sujet.

On voit par la carte que les lignes isodynamiques s'enveloppent les unes les autres, en formant des espèces de lemniscates. Sur les lemniscates extérieures, l'intensité est plus faible. La force augmente graduellement à mesure que la latitude augmente.

Sur l'hémisphère boréal, lorsqu'on est dans les régions arctiques, on trouve qu'à des distances très-inégales du pôle de rotation du globe et du pôle magnétique (voir la carte des méridiens et parallèles magnétiques sur la projection stéréographique analogue à la présente carte), il y a deux foyers de plus grande intensité. Ces deux foyers sont ainsi situés :

L'un, le plus fort, nommé aussi foyer américain ou canadien, par 53° 19' de latitude nord et 95° 20' de longitude occidentale;

L'autre, le plus faible, nommé aussi foyer asiatique ou sibérien, par 70° de latitude nord et 117° 40' de longitude orientale.

L'ovale qui enforme le premier foyer ou le plus fort est situé dans le méridien de la limite occidentale du lac Supérieur, entre l'extrémité méridionale de la baie d'Hudson et le lac canadien Winnipeg.

Le milieu de la lemniscate, qui relie les deux foyers boréaux, paraît être situé au nord-est du détroit de Behring, plus près du foyer asiatique que du foyer américain.

Dans les parties les plus septentrionales du Canada et du territoire qui avoisine la baie d'Hudson, depuis 52° 1/3 de latitude jusqu'au pôle magnétique, sous le méridien de 95° à 97° de longitude occidentale, l'intensité, au lieu d'augmenter, diminue.

Malgré le grand nombre d'observations d'intensité faites dans les mers antarctiques de l'hémisphère austral par les expéditions de M. James Ross, de Moore, de Clerck, il reste encore beaucoup de doutes touchant la position des deux foyers austraux. Ils seraient beaucoup plus rapprochés que les deux foyers de plus grande intensité de l'hémisphère boréal, et ils seraient situés :

L'un, le plus fort, par 67° de latitude sud et 137° 40' de longitude orientale;

L'autre, le plus faible, par 64° de latitude sud et 135° 40' de longitude occidentale.

Quoi qu'il en soit de l'incertitude de ces déterminations, on peut regarder l'ovale intérieur que montre la carte comme délimitant sur l'hémisphère austral les lieux de plus grande intensité.

On a pris l'habitude de comparer les oscillations observées en quelque lieu que cela soit de la surface du globe, à celles que de Humboldt a trouvées en un point de l'équateur magnétique situé dans la chaîne des Andes du Pérou septentrional, entre Micuipampa et Caxamarca, par 7° 2' de latitude australe et 81° 8' de longitude occidentale. Les rapports des carrés des nombres des oscillations de la boussole d'inclinaison comptées dans le même temps donnent les mesures des intensités relatives.

Si l'on représente par 1,000 l'intensité péruvienne, on trouve, en combinant les diverses observations d'intensité recueillies en France, en Angleterre et dans les divers pays du Nord, les rapports suivants : pour Paris, 1,348; pour Londres, 1.372; pour Christiana, 1,523.

L'intensité la plus grande sur l'hémisphère boréal est, pour le foyer canadien, de 1,878, et pour le foyer sibérien, de 1,800. Sur l'hémisphère austral, l'intensité paraît être sensiblement plus grande, et s'élèverait à 2,060 pour le foyer le plus fort, à 1,960 pour le foyer le plus faible.

L'équateur magnétique ne présente pas la série des points sur lesquels l'intensité est à son minimum. Dans l'océan Atlantique, il existe une zone de plus faible intensité. Adolphe Erman a trouvé, par 20° de latitude australe et 37° 24' de longitude occidentale, à l'est de la province brésilienne de Espiritu-Santo, une intensité relative de 0,706 seulement.

La plus faible et la plus forte intensité à la surface de la terre sont entre elles comme 4 est à 3.

Il paraît y avoir en outre plusieurs zones de plus faible intensité; l'une, notamment, sur le rivage occidental de l'Afrique; l'autre, à l'est des Philippines.

Sur la carte, on a tracé les lignes isodynamiques de 1,0; 1,2; 1,3;... 1,8. Les lignes de plus faible intensité ont aussi été indiquées, mais leurs déterminations laissent encore beaucoup d'incertitude.

PROJECTION STÉRÉOGRAPHIQUE POLAIRE DES DEUX HÉMISPHÈRES TERRESTRES

Lignes isodynamiques

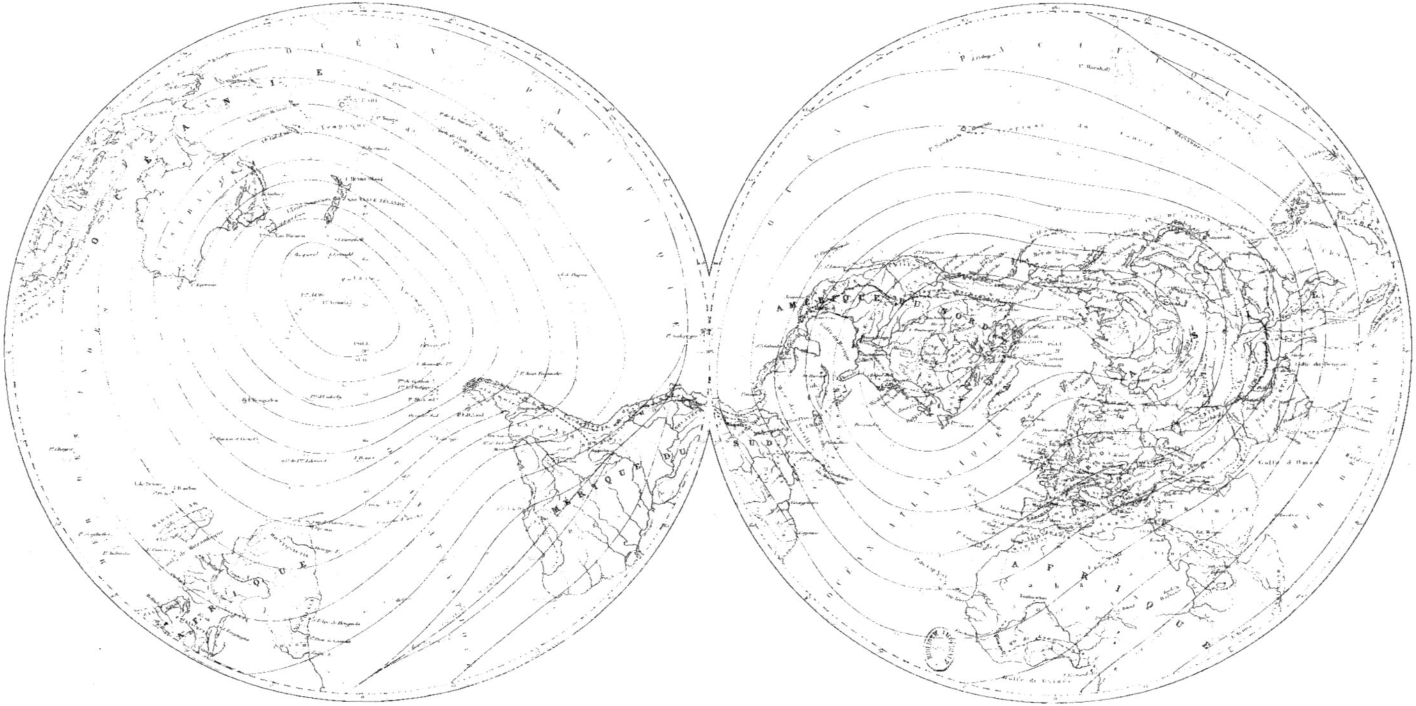

Dressé par A. Vuillemin sous la dir.on de J.A. Barral.

PLANISPHÈRE TERRESTRE SUIVANT LA PROJECTION DE MERCATOR

LIGNES ISOTHERMES

La carte ci-jointe représente le développement de la surface de la Terre sur un plan suivant le système de Mercator, dans lequel les méridiens sont représentés par des lignes droites parallèles entre elles, et les parallèles terrestres par un autre système de droites perpendiculaires aux premières. En menant sur cette carte une ligne droite d'un point à un autre, on a la direction suivant laquelle les marins dirigent la marche de leurs navires. (Voir l'*Astronomie populaire* d'Arago, t. III, p. 347.)

Sur cette carte on a joint le tracé des lignes isothermes, afin de compléter les idées du lecteur des Œuvres de Humboldt et d'Arago sur la répartition de la chaleur à la surface de notre globe, déjà peinte aux yeux par la carte qui donne la projection stéréographique polaire des deux hémisphères terrestres. Les lignes isothermes de la carte de Mercator permettent surtout de suivre les grands traits de la description donnée dans le célèbre Mémoire de Humboldt relatif aux températures terrestres. (*Mélanges de géologie et de physique générale*, p. 218 à 334.)

« Lorsque, après des tentatives éphémères en Islande et au Groënland, dit de Humboldt dans le *Cosmos* (t. I, p. 379), les habitants de la Grande-Bretagne fondèrent enfin sur le littoral des États-Unis d'Amérique leurs premières colonies durables,... les colons qui vinrent s'établir entre la Caroline du sud et l'embouchure du fleuve Saint-Laurent s'étonnèrent d'éprouver des hivers beaucoup plus froids que ceux de l'Italie, de la France et de l'Écosse, sous les mêmes latitudes. Une pareille différence de climats devait tenir l'attention en éveil; cependant la remarque ne devint réellement féconde en résultats pour la météorologie que lorsqu'elle put être basée sur des données numériques exprimant les *températures moyennes annuelles*. En comparant de cette manière Nain, sur la côte du Labrador, avec Gothenbourg, Halifax avec Bordeaux, New-York avec Naples, San-Augustin en Floride avec le Caire, on trouve que, pour les mêmes latitudes, les différences entre les températures moyennes de l'année de l'Amérique orientale et celles de l'Europe occidentale sont, en allant du nord au sud, 11°.5, 7°.7, 3°.8, et presque 0°. » En se reportant sur la carte, on reconnaît que le Labrador est situé entre les lignes isothermes de 0° et de — 5°, et la Suède entre les lignes de + 5° et de 0°; que la Nouvelle-Écosse se trouve entre les lignes isothermes + 10° et + 5°, et la France entre les lignes de + 15° et + 10°; que New-York est au-dessus de la ligne de + 10°, et que Naples est au-dessous de la ligne de + 15°; que l'embouchure du Mississipi et le Delta du Nil sont au contraire également au-dessous de la ligne isotherme de + 20°.

Dans sa Notice scientifique sur l'état thermométrique du globe terrestre (t. V des *Notices scientifiques*, t. VIII des *Œuvres*, p. 563 à 571), Arago étudie en détail les directions et les inflexions des lignes isothermes; les faits constatés par l'illustre astronome deviennent manifestes par une inspection rapide de la carte des lignes isothermes tracées sur la projection de Mercator.

Les causes qui modifient les lignes isothermes sont mises en évidence par un examen du planisphère de Mercator.

De Humboldt signale parmi les causes qui élèvent la température :

La proximité d'une côte occidentale dans la zone tempérée : cette cause agit pour élever la *température* de Gothenbourg, Bordeaux, Naples ;

La configuration particulière aux continents qui sont découpés en presqu'îles nombreuses ; les mers méditerranées et les golfes pénétrant profondément dans la terre : cette cause agit évidemment sur la température moyenne de l'Europe méridionale;

Une mer libre de glaces : cause qui adoucit le climat de la Laponie;

Les chaînes de montagnes qui servent de rempart et d'abri contre les vents qui viennent des contrées plus froides : le tracé des grandes chaînes de montagnes, exécuté avec soin par Vuillemin, montre parfaitement l'influence de cette cause sur les sinuosités des lignes isothermes.

Parmi les causes qui tendent à abaisser la température moyenne d'une contrée, de Humboldt indique les suivantes, qu'un coup d'œil jeté sur la carte justifie également :

Le voisinage d'une côte occidentale pour les hautes latitudes;

La configuration compacte d'un continent dont les côtes sont dépourvues de golfes;

Une grande extension des terres vers le pôle, sans l'interposition d'une mer constamment libre, cause qui influe fortement pour mettre le pôle glacial américain bien au-dessous du pôle glacial asiatique;

L'absence de toute terre tropicale sur le méridien du pays dont il s'agit d'étudier le climat, cause qui influe fortement sur le climat de l'Amérique du Nord;

Une chaîne de montagnes gênant l'action des vents chauds, ou bien encore le voisinage de pics isolés, le long des versants desquels descendent des courants d'air froid.

« La surface de la mer n'étant pas susceptible de se refroidir, dit le *Cosmos* (t. III, p. 383), autant que celle des continents, à cause de l'énorme masse des eaux et de la précipitation des particules refroidies, il en résulte que les côtes occidentales doivent être plus chaudes que les côtes orientales, pourvu toutefois qu'un courant océanique ne vienne point modifier leur température. « Ces mêmes faits, que le tracé des lignes isothermes met en évidence, surtout en montrant le peu de distance des lignes isothermes sur les côtes orientales de l'Amérique du Nord, donnent lieu à de nombreuses remarques d'Arago. (*Astronomie populaire*, t. III, p. 580; t. V des *Notices scientifiques*; t. VIII des *Œuvres*, p. 586 et suiv.)

Les courbures des lignes isothermes sont en rapport avec la géographie des plantes et des animaux ; elles se manifestent vers les limites que certaines espèces végétales ou certains animaux dépassent rarement. (Voir le t. Ier du *Cosmos*, p. 119.)

Dans le tome III de l'*Asie centrale*, les causes complexes de l'inflexion des lignes isothermes sont examinées avec de grands détails par de Humboldt, et rattachées aux phénomènes que signale la culture des plantes utiles dans les diverses parties du monde. Toutes ces particularités seront rendues évidentes par le tracé des lignes thermiques sur les cartes des principales parties du monde.

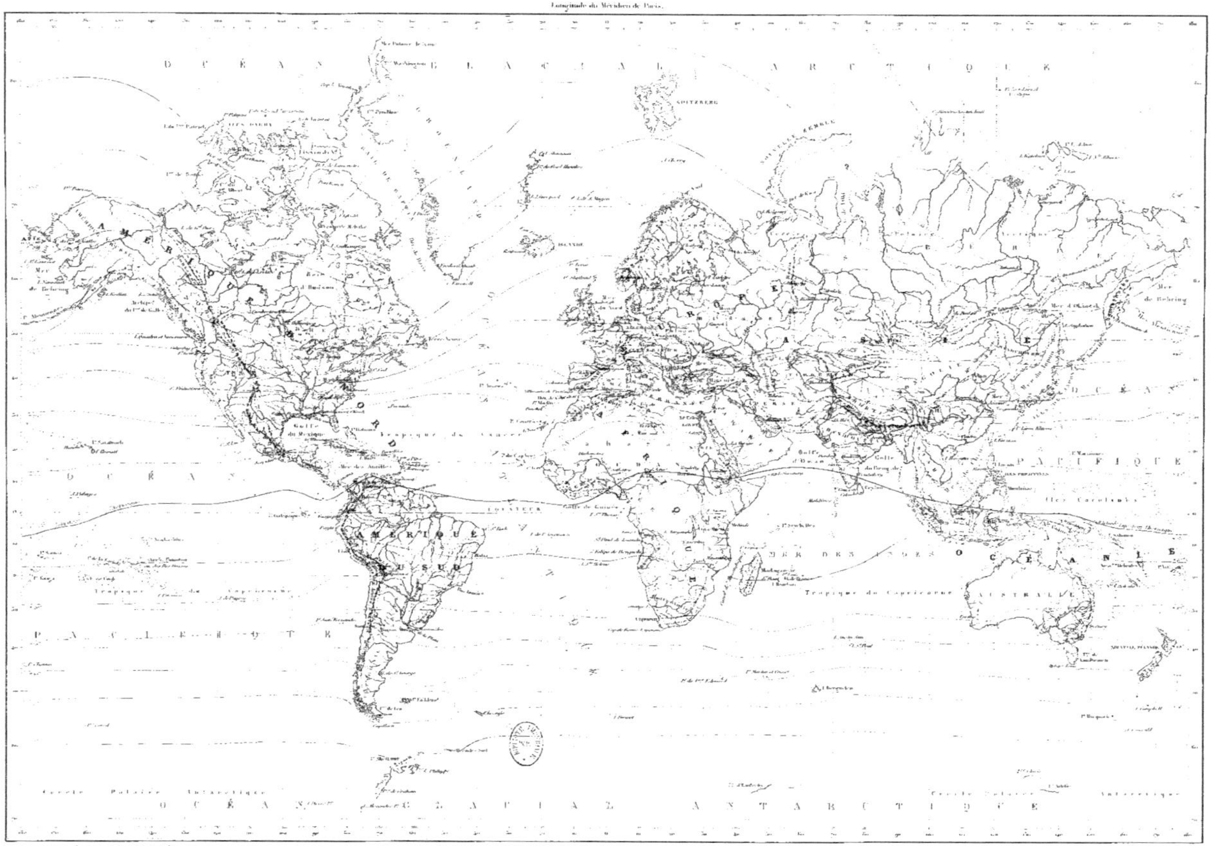

Longitude du Méridien de Paris.

OCÉAN GLACIAL ARCTIQUE

AMÉRIQUE DU NORD

AMÉRIQUE DU SUD

EUROPE

ASIE

AFRIQUE

OCÉANIE

AUSTRALIE

OCÉAN ATLANTIQUE

OCÉAN PACIFIQUE

OCÉAN PACIFIQUE

MER DES INDES

Tropique du Cancer

Tropique du Capricorne

Équateur

Cercle Polaire Antarctique

OCÉAN GLACIAL ANTARCTIQUE

PLANISPHÈRE TERRESTRE SUIVANT LA PROJECTION DE MERCATOR

LIGNES ISODYNAMIQUES

Le tracé sur le planisphère terrestre des lignes iso-dynamiques, c'est-à-dire des lignes d'égale intensité magnétique, point aux yeux la variation de la force magnétique terrestre, lorsque l'on part de l'équateur magnétique de notre globe pour s'avancer vers les régions polaires. À mesure que l'on s'approche des pôles, les lignes d'égale intensité se contournent davantage, à cause de l'existence des quatre foyers de plus grande intensité très-distincts, comme le montre la carte, et des deux pôles magnétiques où l'aiguille d'inclinaison se tient verticale, et des deux pôles de l'axe de rotation de la terre.

On doit distinguer avant tout la région sur laquelle l'intensité est au minimum; elle est comprise entre les deux courbes marquées 1.0. Erman a trouvé dans l'hémisphère méridional une zone qui s'étend en latitude de 43° 18' à 24° 25' sud, et en longitude de 35° 4' à 37° 40' ouest, dans laquelle l'intensité de la force magnétique est presque sans interruption au-dessous de 0,760. On soupçonne aussi qu'au nord de l'équateur, à 20° environ à l'est des Philippines, il y a une autre zone de faible intensité, où la valeur relative de la force magnétique ne dépasse pas 0,970.

Il y aurait lieu de tracer, dans la région dont nous parlons, la ligne de plus faible intensité, ligne sur l'importance de laquelle Sabine a le mérite d'avoir le premier (voir le tome IV du *Cosmos*, p. 110) attiré l'attention. Cette courbe, que l'on appelle équateur isodynamique ou équateur de moindre intensité, paraît passer sur le rivage occidental de l'Afrique, près de la colonie portugaise de Mossamedes, par 15° de latitude sud; elle présente un sommet concave au milieu de l'Océan, par 20° 20' de longitude ouest; elle marche ensuite vers la côte du Brésil jusqu'à 40° de latitude sud. Mais il y a beaucoup de recherches à faire encore pour bien préciser sa position.

« L'équateur isodynamique, dit Sabine, relie, sur tous les méridiens géographiques, les points où la force magnétique est le moins sensible. Cette courbe décrit autour de la sphère terrestre un grand nombre d'ondulations. Des deux côtés, la force magnétique augmente à mesure que l'on remonte vers les hautes latitudes; ainsi, cette courbe marque la limite entre les deux hémisphères magnétiques mieux que l'équateur magnétique, sur lequel la direction de l'aiguille aimantée est perpendiculaire à celle de la pesanteur. Tout ce qui concerne directement l'intensité même de la force terrestre est de plus de conséquence encore pour la théorie du magnétisme que ce qui a trait à la direction horizontale ou verticale de l'aiguille aimantée.

« L'équateur dynamique décrit un grand nombre de sinuosités, ce qu'il est facile de comprendre, puisque ces sinuosités dépendent de forces dont le foyer est aux quatre points de la plus grande intensité magnétique, points situés irrégulièrement et doués d'une puissance inégale. Ce qu'il y a de plus remarquable dans ces ondulations, c'est la grande convexité dirigée vers le pôle austral, et située dans l'océan Atlantique entre les côtes du Brésil et le cap de Bonne-Espérance. »

L'équateur isodynamique est très-distinct de l'équateur magnétique, c'est-à-dire de la courbe sur laquelle l'inclinaison de l'aiguille aimantée est égale à zéro; il est également très-distinct de l'équateur géographique. Dans la zone dont nous parlons, les variations horaires du magnétisme participent alternativement, suivant les saisons, aux propriétés des deux hémisphères, c'est-à-dire que la marche de l'extrémité nord de l'aiguille aimantée est exactement opposée pendant l'été à celle qu'elle suit pendant l'hiver, et appartient alternativement au type de l'hémisphère boréal et au type de l'hémisphère austral.

Au milieu de tous les mouvements que subissent les phénomènes magnétiques, on signale notamment les changements de l'équateur magnétique autour d'une certaine ligne moyenne qui deviendrait l'équateur moyen, et qui est tracée en ligne ponctuée sur la carte.

Quoique les deux foyers de plus grande intensité de l'hémisphère austral présentent une force sensiblement plus grande que ceux de l'hémisphère boréal, il n'en faut pas conclure, dit de Humboldt, que la force totale de l'un des hémisphères soit supérieure à celle de l'autre. En effet, en faisant passer convenablement un plan par les deux méridiens de 110° de longitude orientale et de 70° de longitude occidentale, par rapport au méridien de Paris, on partage la terre en deux hémisphères : l'un, oriental, est le plus continental, puisqu'il comprend l'Amérique du Sud, l'océan Atlantique, l'Europe, l'Afrique et l'Asie, jusqu'au lac Baïkal; l'autre, occidental, est surtout composé d'îles et de mers, et contient l'Amérique du Nord, la mer du Sud, l'Australie et une partie de l'Asie orientale. Ce dernier hémisphère, chose remarquable, renferme les quatre foyers de plus grande intensité et les deux pôles magnétiques.

La mesure de l'intensité magnétique, par la méthode des oscillations soit de l'aiguille horizontale de déclinaison, soit de l'aiguille d'inclinaison, constitue la partie la plus importante des observations qui peuvent contribuer à fonder la théorie du magnétisme terrestre. Une table des intensités relatives de la force magnétique présente donc le plus grand intérêt. Voici celle qui résulte des observations citées dans les Œuvres d'Arago et de Humboldt.

HÉMISPHÈRE AUSTRAL.

Brésil par 36° de latitude sud et 37° 24' de longitude ouest	0.706
Sainte-Hélène	0.845
Amboine	0.933
Sourabaya	0,935
Sur l'équateur magnétique au Pérou par 7° 2' de latitude sud et 81° 8' de longitude ouest	1.000
Lima	1,077
Port du Nord	1.577
Port du Sud	1.613
Hobarton (terre de Van Diemen)	1.780
Premier foyer austral	1.960
Deuxième foyer austral	2.060

HÉMISPHÈRE BORÉAL.

Loxa	1.009
Tomependa	1.019
Cuenca	1.029
San Carlos	1.048
Esmeralda	1.058
Quito	1.067
Javita	1.068
Volcan de Purace	1.077
Ville de Purace	1.088
Saint-Thomas	1.107
Popayan	1.117
Chapelle Senora de Gadalupe	1.127
Santa-Fe de Bogota	1.147
Carichana	1.157
Cumana	1.179
Caracas	1.188
Cratère du Vésuve	1.193
La Guayra	1.209
Valencia	1.240
Rome	1.263
Santa-Cruz de Ténériffe	1.272
Naples	1.274
Florence	1.278
Marseille	1.284
Madrid	1.293
Carthagena	1.293
Perpignan	1.295
Gênes	1.299
Nimes	1.303
Valence	1.306
Metau	1.312
Ain (Savoie)	1.313
Genève	1.313
Annecy	1.314
Mexico	1.315
Heidelberg	1.316
Lyon	1.318
Chambéry	1.319
Bâle	1.322
Lens-le-Bourg	1.323
Bade (Grand-Duché)	1.337
Nevers	1.331
Turin	1.336
Cologne	1.342
Fontainebleau	1.343
Hospice du Mont-Cenis	1.344
Paris	1.348
Gottingen	1.357
Francfort-sur-le-Mein	1.358
Bruxelles	1.362
Liège	1.353
Brest	1.365
Le Havre	1.366
Cherbourg	1.367
Copenhague	1.372
Londres	1.372
Falmouth	1.374
Helsingborg	1.378
Friedrichshaven	1.384
Christiania	1.423
Borowski-Ostrow par 116° 31' de longitude est et 79° 44' de latitude nord	1.712
Foyer sibérien	1.760
New-York	1.803
Toronto	1.836
Foyer canadien	1.878

L'altitude influe sur l'intensité magnétique non moins que la latitude. En général, la force magnétique est d'autant plus faible qu'un lieu est plus élevé au-dessus du niveau moyen de la mer.

Si les lignes isogoniques sont plus importantes pour les navigateurs (*Cosmos*, t. I, p. 209), les lignes isodynamiques doivent fournir des résultats plus féconds au point de vue des relations du magnétisme terrestre, c'est-à-dire des courants électriques qui parcourent notre globe, avec la distribution de la chaleur, non-seulement à la surface terrestre, mais encore dans l'intérieur de la terre. Il y a lieu d'observer d'ailleurs, ainsi que l'a découvert sir David Brewster, qu'il y a une remarquable connexité (t. I du *Cosmos*, p. 614) entre la courbure des lignes magnétiques et celle des lignes isothermes. Cette connexité est rendue évidente par la comparaison des cartes thermiques et des cartes magnétiques de cet atlas.

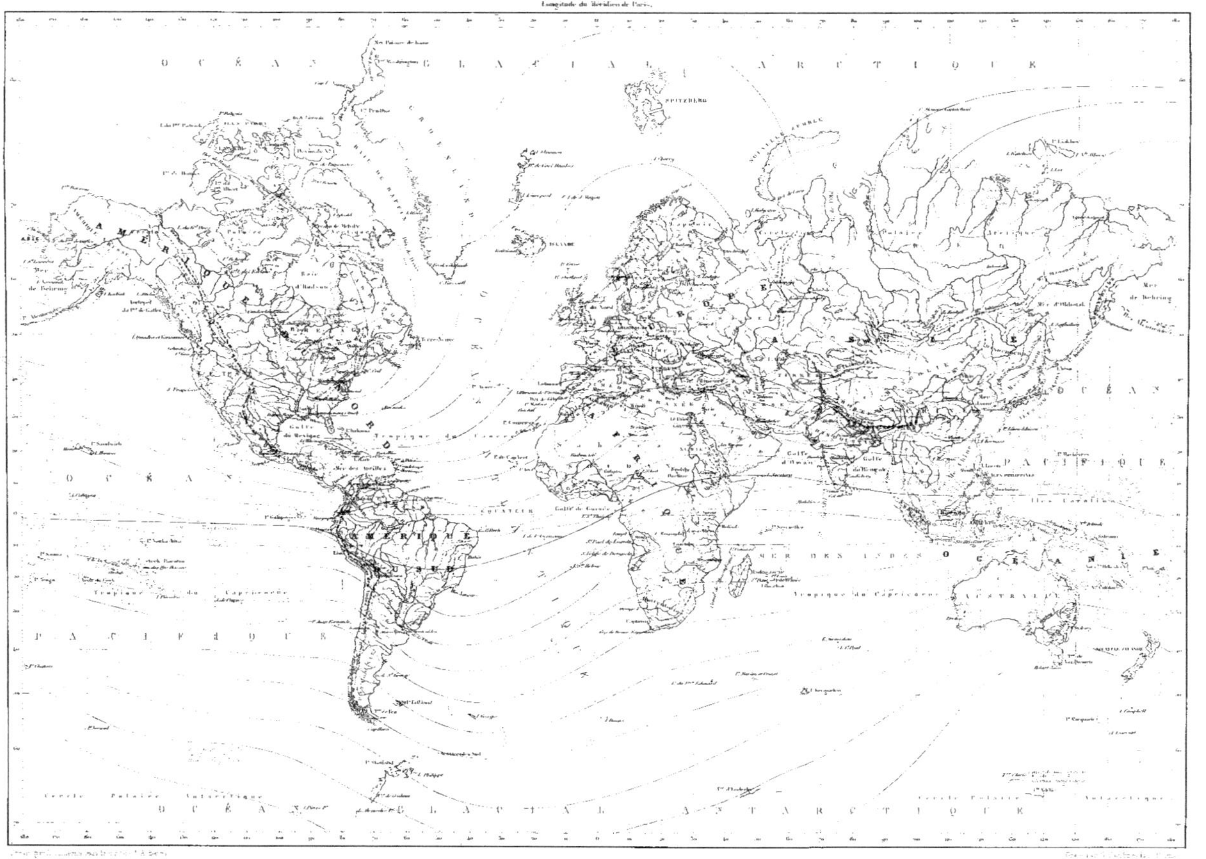

PLANISPHÈRE TERRESTRE SUIVANT LA PROJECTION DE MERCATOR
Longitude du Méridien de Paris
OCÉAN GLACIAL ARCTIQUE
AMÉRIQUE DU NORD
AMÉRIQUE DU SUD
EUROPE
ASIE
AFRIQUE
OCÉANIE
AUSTRALIE
OCÉAN PACIFIQUE
OCÉAN ATLANTIQUE
MER DES INDES
OCÉAN GLACIAL ANTARCTIQUE
Cercle Polaire Antarctique
Tropique du Cancer
Tropique du Capricorne
SPITZBERG

CARTE PHYSIQUE DE L'EUROPE

LIGNES ISOTHERMES, ISOCHIMÈNES ET ISOTHÈRES

La carte physique de l'Europe représente avec exactitude les grands traits des inégalités du sol de cette partie du monde, et la direction des cours d'eau qui coulent dans les vallées. Les hauteurs des principales montagnes au-dessus du niveau de la mer sont indiquées en mètres à côté des noms de chaque pic ou de chaque mont. A ce point de vue, et pour l'étude de la hauteur moyenne du sol de chaque contrée, la carte sera consultée avec avantage par le lecteur du chapitre de l'*Astronomie populaire* consacré à cette question (t. III, p. 72 à 101, et surtout p. 212 à 226); du Mémoire de Humboldt, sur la hauteur moyenne des continents (*Mélanges de géologie et de physique générale,* p. 468 à 478); d'un grand nombre de passages du tome I⁰ʳ de l'*Asie centrale,* sur l'hypsométrie et l'orométrie comparées (notamment p. 35 à 96, 465 à 489); enfin, du tome I⁰ʳ du *Cosmos* (p. 352 et suiv.).

Les principaux caractères du climat de l'Europe, du moins en ce qui concerne l'action de la chaleur solaire, sont rappelés aux yeux du lecteur au moyen du tracé des lignes *isothermes* (lignes d'égales températures moyennes annuelles), des lignes *isochimènes* (d'égales températures moyennes d'hiver), et des lignes *isothères* (d'égales températures moyennes d'été). Au point de vue météorologique, l'hiver est formé des mois de décembre, janvier et février, et l'été des mois de juin, juillet et août.

On voit par la carte que, pour les températures annuelles, l'Europe habitée est comprise tout entière entre les lignes de — 5° et de + 20°, pour les températures d'hiver entre les lignes de — 20° et de + 15°, pour les températures d'été entre les lignes de + 10° et de + 25°. En général, le climat européen est donc d'une douceur remarquable, ce qui est dû, dit de Humboldt (*Cosmos*, t. I, p. 389), « à l'Océan, qui baigne les côtes occidentales de l'Ancien Monde, à la mer libre de glaces qui sépare l'Europe des régions polaires, et surtout à l'existence et à la situation géographique du continent africain, dont les régions intertropicales rayonnent abondamment et provoquent l'ascension d'un immense courant d'air chaud..... L'Europe deviendrait plus froide si l'Afrique était submergée; si la fabuleuse Atlantique, sortant du sein de l'Océan, venait joindre l'Europe à l'Amérique; si les eaux chaudes du Gulf-Stream ne se déversaient point dans les mers du Nord; ou si une nouvelle terre, soulevée par les forces volcaniques, s'intercalait entre la péninsule scandinave et le Spitzberg. »

La ligne isochimène de + 5°, la ligne isotherme de + 10°, et la ligne isothère de + 15° se coupent dans la Grande-Bretagne, circonstance qui définit d'une manière remarquable le climat de l'Angleterre. Vers le centre de la France se rencontrent au contraire la même ligne isochimène de + 5°, puis la ligne isotherme de + 15°, et la ligne isothère de + 20°. Dans l'Allemagne centrale a lieu l'intersection de la ligne isochimène de 0°, avec la ligne isotherme de + 10°, et la ligne isothère de + 20°. Ainsi, à mesure que l'on avance sur le continent européen, on voit les hivers devenir plus rudes et les étés plus chauds.

Les lignes isothermes, et surtout les lignes isochimènes s'abaissent fortement, en présentant de nombreuses inflexions, alors que l'on marche de l'ouest à l'est; les lignes isothères affectent au contraire des allures beaucoup plus régulières, et, dans leur ensemble, présentent un parallélisme approché avec les parallèles terrestres. Cette loi se vérifie jusque dans l'extrême midi de l'Europe; ainsi on voit se couper, à la pointe orientale de la péninsule ibérique, la ligne isochimène de + 15°, la ligne isotherme de + 20°, et la ligne isothère de + 25°; dans l'archipel grec, la ligne isochimène de + 10°, et la ligne

isotherme de + 15° se rapprochent de la ligne isothère de + 24°.

Dans l'Europe centrale, entre les parallèles de 71° et de 38°, la température moyenne annuelle, ainsi que le démontre le système formé par les lignes isothermes, décroît du nord au midi à raison d'un demi-degré du thermomètre par chaque degré de latitude; la température moyenne des hivers décroît de 1°.3; mais la température moyenne des étés ne diminue que de 0°.5, comme la température annuelle.

Les grandes inégalités des températures d'été et d'hiver caractérisent les climats extrêmes; les climats tempérés sont ceux dans lesquels la différence des températures d'hiver et d'été est la moindre; cette remarque explique comment la Grande-Bretagne a un climat plus tempéré que la France, et la France un climat plus tempéré encore que le centre de l'Allemagne.

La théorie des lignes isothermes et celle de leurs inflexions, qui déterminent les différences de climats en Europe, sont exposées dans le grand Mémoire de Humboldt sur les lignes isothermes (*Mélanges,* p. 261 à 315).

CARTE PHYSIQUE DE L'ASIE

LIGNES ISOTHERMES, ISOCHIMÈNES ET ISOTHÈRES

L'Asie présente une masse compacte de terre ferme, qui donne un trait caractéristique à la distribution de la chaleur dans ce vieux continent. « Dans l'intérieur de l'Asie, dit de Humboldt (*Cosmos*, t. I, p. 385). Tobolsk, Barnaul sur l'Obi, et Irkoutsk ont les mêmes étés que Berlin, Münster et Cherbourg; mais à ces étés succèdent des hivers dont l'effrayante température moyenne est de — 18° à — 20°. Pendant les mois d'été, on voit le thermomètre se maintenir des semaines entières à 30° et 31°. *Ces climats continentaux* ont été, à bon droit, nommés *excessifs* par le célèbre Buffon, et les habitants des contrées, où règnent les climats excessifs, paraissent être condamnés, comme les âmes en peine du purgatoire de Dante.

À souffrir tournenti eabil e zoia.

« Jamais dans aucune partie du monde, pas même dans le midi de la France, en Espagne ou aux îles Canaries, je n'ai trouvé d'aussi bons fruits et surtout d'aussi belles grappes de raisin qu'aux environs d'Astrakhan, sur les bords de la mer Caspienne (46° 31'). La température moyenne de l'année y est d'environ 9°; celle de l'été monte à 21°.2, comme à Bordeaux, mais en hiver, le thermomètre y descend à — 17° et à — 30°. Il en est de même à Kislar, sur l'embouchure du Terek, quoique cette dernière ville soit encore plus méridionale qu'Astrakhan (par les latitudes d'Avignon et de Rimini). »

D'un autre côté, les grandes chaînes de montagnes de l'Asie exercent aussi une influence marquée sur les conditions de la vie dans ce vieux monde. « Les chaînes de montagnes, dit encore de Humboldt (même volume, p. 394), partagent la surface terrestre en grands bassins, en vallées profondes et étroites, en vallées circulaires. Ces vallées, souvent encaissées comme entre des remparts, *individualisent* les climats locaux (par exemple en Grèce et dans une partie de l'Asie Mi-

neure), et les placent dans des conditions toutes spéciales, par rapport à la chaleur, à l'humidité, à la transparence de l'air, à la fréquence des vents et des orages. Cette configuration a exercé de tout temps une puissante influence sur les productions du sol, le choix des cultures, les mœurs, les formes gouvernementales, et même sur les inimitiés des races voisines. Le caractère de l'*individualité géographique* atteint, pour ainsi dire, son maximum, lorsque la configuration du sol, dans le sens horizontal et dans le sens vertical, est aussi variée que possible. Le caractère opposé est fortement empreint dans les steppes de l'Asie septentrionale. »

Tout le monde sait que de Humboldt a fait une magnifique expédition scientifique en Asie, et nul savant n'a mieux connu et décrit l'aspect physique et la climatologie de ce berceau du monde; l'ouvrage qu'il a publié sous le titre d'*Asie centrale*, est le plus complet et le plus instructif que l'on puisse lire pour se rendre compte des oppositions grandioses qu'offrent de vastes plateaux à côté des plus hautes chaînes de montagnes du globe, de vallées vivifiées par des fleuves féconds à côté de plaines où la sécheresse maintient une stérilité éternelle. Le troisième volume surtout se distingue par une richesse extrême de documents sur la climatologie asiatique.

La carte physique que nous donnons a été établie d'après les recherches les plus modernes, et elle peint autant que possible aux yeux la configuration du sol et du climat de l'Asie, telle qu'elle résulte de l'ensemble des observations.

En Asie, comme dans le Nouveau-Monde, on remarque que les lignes isothermes, c'est-à-dire d'égale température moyenne, deviennent de plus en plus parallèles à l'équateur, quand on approche de la *zone torride*; néanmoins le tracé de ces lignes sur notre carte permet de reconnaître nettement que les côtes orientales sont, à latitudes égales, beaucoup plus froides que la région occidentale. De ce dernier côté, en effet, on voit les lignes isothermes de 0°, + 5°, + 10°, etc., se relever vers les hautes latitudes, tandis qu'elles s'abaissent du côté de l'Orient.

Les lignes isothères ou d'égale température moyenne estivale, et les lignes isochimènes ou d'égale température moyenne hibernale présentent des contournements singuliers, qui mettent en évidence les contrastes de la distribution de la chaleur entre les différentes saisons; on voit, par exemple, les lignes isochimènes descendre fortement vers les latitudes de 70 et 80 degrés, pour remonter ensuite; les lignes isothères ne présentent pas le même affaissement, et ainsi est rendue manifeste l'existence des climats extrêmes, signalés par de Humboldt.

Le tableau suivant, qui présente les températures maxima et minima extrêmes dans quelques localités asiatiques fera bien voir quels excès de froid et de chaud doivent supporter les plantes et les animaux, surtout sous les latitudes élevées. Au contraire, à mesure qu'on s'approche de l'équateur, les différences entre les minima et les maxima extrêmes diminuent :

LOCALITÉS.	Latitude.	Longitude.	Minima extrêmes.	Maxima extrêmes.	Différences.
Iakoutsk	62° 5' N	127° 24' E	—50.0	+39.0	89.0
Nijné-Tagilsk	57 57	57 48	—51.5	+35.0	86.5
Irkoutsk	52 17	104 54	—34.0	+37.5	71.5
Pékin	39 54	113 9	—15.6	+43.1	58.7
Bagdad	33 20	42 2	—5.0	+48.9	53.9
Nangasaki	32 45	147 54	—8.0	—33.2	45.2
Michala	30 45	72 45	—0.5	+34.1	34.7
Bénarès	25 19	80 35	+7.2	+44.6	37.4
Canton	23 8	110 56	—4.3	+35.6	35.8
Macao	22 11	113 14	+3.3	+34.6	37.0
Madras	13 4	77 54	+17.8	+40.0	22.2
Singapore	1 17	101 50	+21.7	+31.7	10.3

On aperçoit encore dans ce tableau que dans quelques lieux, et sous des latitudes moyennes, les maxima extrêmes sont plus considérables que près de la zone torride; c'est un caractère bien marqué de ces climats excessifs.

« L'influence frigorifique, dit de Humboldt (*Asie centrale*, t. III, p. 79) de la configuration et de la position de l'Asie, devient surtout manifeste à Macau et à Canton, lorsque les vents d'ouest et du nord-ouest baignent le vaste continent couvert de neiges et de glaces; cependant les contrastes de la distribution de la chaleur entre les différentes saisons sont beaucoup moins sensibles dans les ports de la Chine méridionale qu'à Pékin. Pendant neuf ans, de 1806 à 1814, l'abbé Richenet, qui se servait d'un excellent thermomètre à maxima et minima de Six, l'a vu descendre à Macau jusqu'à + 3°.5; le plus souvent à peine jusqu'à + 3°. A Canton, le thermomètre atteint presque quelquefois le point de la congélation, et par l'effet du rayonnement vers un ciel sans nuages, on y trouve de la glace sur les terrasses des maisons, dans les lieux qui sont entourés de palmiers et de bananiers. De même à Bénarès, la chaleur, après avoir atteint en été souvent + 44 degrés, descend en hiver à + 7°.2. Le mois le plus froid à Bénarès a cependant encore + 13°.2 de température moyenne. La hauteur de la ville n'est que de 100 mètres au-dessus du niveau de la mer. »

L'intérieur d'un vaste continent s'échauffe à l'excès en été par l'action du soleil: en hiver, au contraire, il se couvre longtemps d'un vaste manteau de neige. Ces deux phénomènes ne se reproduisent pas sur les côtes maritimes ou dans les îles. Dans la zone équatoriale, l'étendue des eaux est proportionnellement plus grande que celle des terres, et c'est par cette raison qu'Humboldt a parfaitement expliqué comment il se fait que sous les tropiques asiatiques les températures extrêmes de l'été soient moins élevées que dans l'intérieur du continent.

CARTE PHYSIQUE DE L'ASIE

Lignes isothermes, isochimènes et isothères

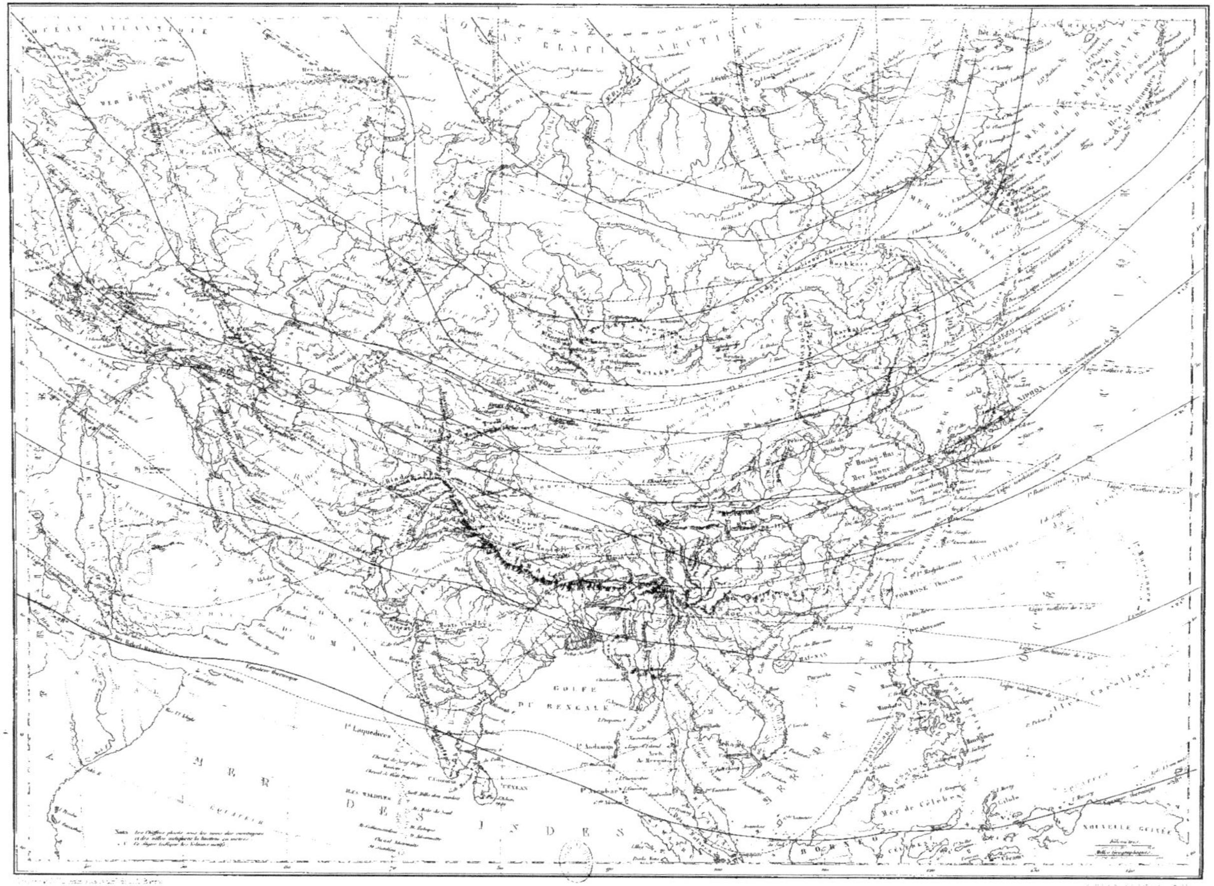

CARTE DE L'ASIE

LIGNES ISODYNAMIQUES, ISOCLINIQUES ET ISOGONIQUES

M. de Humboldt s'est beaucoup occupé du magné-tisme asiatique. Dans son magnifique ouvrage sur l'Asie centrale, on trouve un Mémoire spécial sur les incli-naisons magnétiques qu'il a observées en 1829 dans le nord-est de l'Asie et sur les bords de la mer Caspienne. L'illustre savant insiste sur l'importance, déjà devinée par Leibnitz, des observations simultanées des divers éléments du magnétisme terrestre en Sibérie et dans un grand nombre de stations distribuées sur le conti-nent asiatique de l'ouest à l'est. Il suffit de jeter les yeux sur la carte ci-jointe pour se convaincre, à la vue des nombreuses circonvolutions des lignes iso-dynamiques, isocliniques et surtout isogoniques, com-bien cette insistance est justifiée.

« Plus d'un siècle avant la mémorable expédition magnétique de Hansteen et d'Adolphe Ermann, dit M. de Humboldt dans son Mémoire sur le magnétisme asiatique, le génie de Leibnitz avait déjà entrevu en partie la haute importance que pouvaient exercer sur la connaissance du magnétisme terrestre, d'un côté, l'immense étendue de l'empire de Russie en Europe et en Asie, de l'autre, le mélange singulier des décli-naisons orientales et occidentales, dépendant, soit d'une seule ligne très-sinueuse, soit de plusieurs lignes sans déclinaison. J'avais été frappé, en visitant les archives de Moscou, lors de mon second passage dans cette ville, de l'ardeur avec laquelle Leibnitz, dans une lettre adressée à Pierre le Grand (1713), excitait ce monarque à faire examiner, dans la région continentale de ses États, les phénomènes du magné-tisme terrestre..... Le désir de Leibnitz que, dans le vaste empire de Russie, on observe régulièrement et à des époques fixes les phénomènes d'inclinaison et de déclinaison a été accompli en 1829. Par la noble mu-nificence du gouvernement impérial, une longue série de stations magnétiques et météorologiques a été fondée à travers tout le nord de l'Asie, depuis Péters-bourg, Kazan et la chaîne de l'Oural, jusque vers les rives de l'Amour, près de l'océan Pacifique. Avec un zèle infatigable, mon savant ami, M. Kupffer, a accéléré et coordonné ces grands travaux en les dirigeant d'un point central et en parcourant lui-même l'immense ligne qui traverse le continent de l'Asie de l'ouest à l'est. Les observations de M. Arago, sur des pertur-bations ou *orages magnétiques*, correspondantes aux observations de M. Kupffer, à Kazan, avaient fait sentir depuis longtemps l'importance des observations simul-tanées. Une *maison magnétique* a été construite dans la capitale de la Chine, où les travaux de M. Fuss ont été continués par M. Kovanko, établi à Pékin pendant plus de dix ans. J'ai eu la satisfaction d'être admis à partager, au sein de l'Académie de Saint-Pétersbourg, les travaux de la première fondation de ces grands et utiles établissements. »

La carte magnétique de l'Asie présente aux yeux la position et la configuration des éléments principaux du magnétisme terrestre.

On voit d'abord le foyer sibérien de plus grande intensité, situé à peu près par 70° de latitude septen-trionale et 117° 40' de longitude orientale. L'intensité, en prenant pour unité celle déterminée au Pérou par M. de Humboldt, y a été évaluée à 4.74 par Erman. et à 4.76 par Hansteen (*Cosmos*, t. IV, p. 108).

Le foyer sibérien est entouré par les lignes isody-namiques ou d'égale intensité : 1.7, 1.6, 1.5, 1.4, 4.3, 1.2, 4.0.

L'intensité magnétique croît, *en général*, depuis l'équateur magnétique (ligne sans inclinaison) jusque vers le pôle magnétique boréal ; c'est-à-dire, à mesure que la latitude magnétique augmente. Ce résultat est regardé, par M. de Humboldt, comme le plus important de son voyage à l'équateur (*Cosmos*, t. I, p. 508).

On a joint, par une ligne continue, tous les points des méridiens sur lesquels l'intensité est à son mini-mum, et on a obtenu ainsi l'*équateur isodynamique*, lequel, tout en restant sous la zone tropicale, ne se confond ni avec l'équateur terrestre, ni avec l'équa-teur magnétique. On suppose que, un peu au nord de l'équateur terrestre, à 20° environ à l'est des Philip-pines, il se trouve une zone de faible intensité où la valeur relative de la force magnétique descend au-dessous de 0.97 (*Cosmos*, t. IV, p. 110).

L'inclinaison magnétique varie, en Asie, depuis 0° jusqu'au delà de 75° ; en d'autres termes, toutes les courbes isocliniques ou d'égale inclinaison, légèrement abaissées vers l'orient par rapport aux parallèles ter-restres, coupent le continent asiatique. « D'après, dit M. de Humboldt (*Cosmos*, t. IV, p. 122), les nom-breuses et excellentes déterminations du capitaine Elliot (1846-1849), qui, en ce qui concerne les méri-diens de Batavia et de Ceylan, s'accordent d'une ma-nière merveilleuse avec celles de Jules de Blosseville, l'équateur magnétique traverse l'extrémité septentrio-nale de Bornéo, et, courant presque exactement de l'est à l'ouest, touche la pointe nord de Ceylan par 9° 45' de latitude. Dans cette partie de son cours, la ligne de moindre intensité est presque parallèle à l'équateur magnétique ; mais, plus loin, l'équateur magnétique pénètre dans la partie orientale du conti-nent africain, au sud du cap Guardafui. »

La connaissance exacte des lignes isogoniques ou d'égale déclinaison importe le plus aux voyageurs pour déterminer la direction de leur route par rap-port aux points cardinaux. « Lorsque, dit M. de Hum-boldt (*Cosmos*, t. IV, p. 160), en observant la marche normale de l'aiguille qui revient sur elle-même, et en composant une moyenne avec les extrêmes des varia-tions linéaires, on a déterminé la déviation du méri-dien magnétique, sur lequel, d'un solstice à l'autre, la déclinaison orientale égale en somme la déclinaison occidentale, il est naturel de comparer les angles que forme, sur différents parallèles, l'intersection des mé-ridiens magnétiques avec le méridien géographique ; et de la résultent deux choses : on est conduit d'abord à la connaissance des lignes de variation qu'Andréa Bianco, en 4436, et le cosmographe de l'empereur Charles-Quint, Alonso de Santa-Cruz, cherchaient déjà à représenter géographiquement, puis à l'heu-reuse tentative de généraliser les courbes isogoniques ou lignes d'égale déclinaison, auxquelles les marins anglais donnèrent longtemps, par un juste sentiment de reconnaissance, le nom historique de *Halleyan lines*. Parmi ces courbes isogoniques, diversement contournées, quelquefois presque parallèles, plus ra-rement revenant sur elles-mêmes et composant des systèmes fermés de forme ovale, les plus intéressantes, au point de vue de la physique du globe, sont les lignes sans déclinaison (*équateurs isogoniques*), au delà et en deçà desquelles les déclinaisons se produi-sent en sens opposé et augmentent inégalement avec les distances. » La carte magnétique de l'Asie offre l'exemple le plus complet de la variation des formes fermées et des formes contournées des lignes isogo-niques, et fait voir l'espèce d'S que trace la ligne sans déclinaison entre les déclinaisons orientales et occidentales, dans ce vieux continent, au milieu du XIX° siècle.

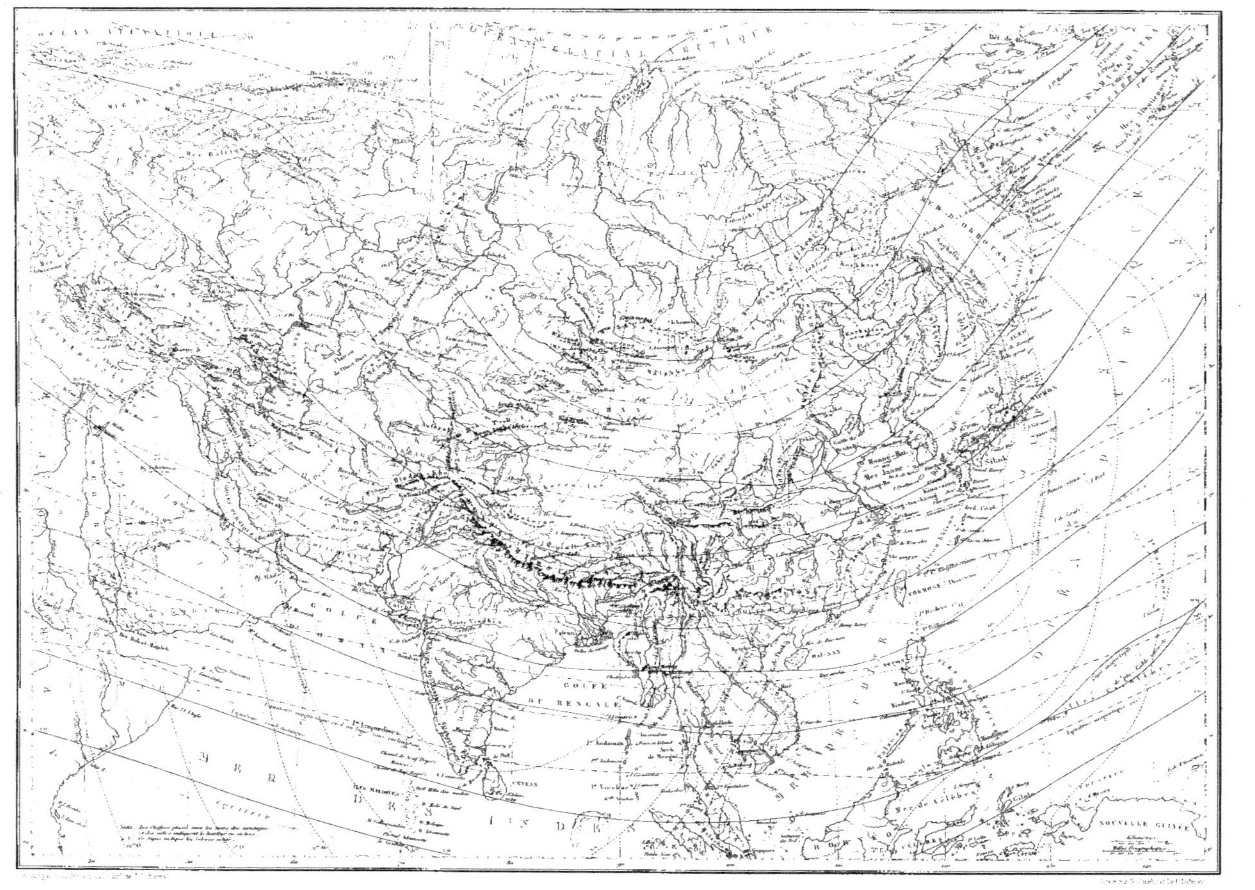
CARTE PHYSIQUE DE L'ASIE
Lignes isogéothermiques, isochimènes et isothérènes.
OCÉAN GLACIAL ARCTIQUE
GOLFE DE BENGALE
MER DES INDES
NOUVELLE GUINÉE

CARTE PHYSIQUE DE L'AFRIQUE

LIGNES ISOTHERMES, ISOCHIMÈNES ET ISOTHÈRES

De toutes les parties du monde, l'Afrique est aujourd'hui, malgré les efforts de voyageurs intrépides, celle qui est le moins connue. Aucun observatoire permanent, sauf en Algérie et en Égypte, n'a pu y être établi ; par conséquent, il peut régner quelque incertitude sur la direction des lignes d'égale température moyenne annuelle (isothermes), des lignes d'égale température moyenne hivernale (isochimènes), des lignes d'égale température moyenne estivale (isothères), lorsqu'on pénètre vers le centre même du continent africain. Mais, d'après les courbures générales de ces lignes dans les autres parties du monde, et en tenant compte des quelques séries d'observations faites sur plusieurs points des côtes africaines et des îles, soit de l'océan Atlantique, soit de la mer des Indes, on peut regarder comme suffisamment approchées les lignes tracées dans notre carte thermique. On aperçoit tout de suite qu'il en ressort la démonstration de cette loi que l'hémisphère austral de notre globe est plus froid, à pareille latitude, que l'hémisphère boréal. Ainsi les lignes isothères de + 25° et + 30° se rapprochent beaucoup, sur les côtes occidentales, de l'équateur thermique, et cet équateur lui-même, qui correspond à une moyenne annuelle de + 28° environ, s'élève notablement au-dessus de l'équateur terrestre, surtout lorsqu'on approche des côtes orientales.

La ligne isotherme boréale de + 20° passe par Ma-

dère, traverse le Maroc, monte au delà d'Alger et s'en va à une certaine distance des côtes à travers la Méditerranée jusqu'au-dessous de Chypre; la ligne isotherme australe de même température passe à quelques degrés seulement au-dessus du cap de Bonne-Espérance. Par conséquent on peut dire que tout le continent africain a, à peu près, une température moyenne annuelle de + 20°. Il est de même compris entre les deux lignes isochimènes australe et boréale de + 15°, chiffre au-dessous duquel les températures moyennes hivernales ne descendent que bien rarement. Au contraire, la plus grande partie du continent africain situé sur l'hémisphère boréal appartient à la zone comprise entre les deux lignes isothères de + 30°. Cela ne veut pas dire qu'on n'y rencontre pas des températures s'éloignant parfois assez fortement de ces nombres. Voici, d'après Arago, les températures extrêmes observées en Afrique :

Lieux.	Latitude.	Longitude.	Minima extrêmes.	Maxima extrêmes.
Alger	36°47' N.	0°44' E.	-4°2	37°5
Tunis	36°48'	7°51'	+4°5	44°7
Funchal (Ile de Madère)	32°48'	19°16' O.	+10°6	29°1
Le Caire	30°2'	28°57' E.	+4°5	44°9
Saint-Louis (Sénégal)	16°1'	18°58' O.	+12°5	35°0
Sénégal	12°?	9°52' E.	+17°6	42°5
Sainte-Hélène	17°55' S.	8°2' O.	+11°1	27°8
Port-Louis (Ile de France)	20°10'	57°8' E.	+13°6	32°6
Saint-Denis (Ile Bourbon)	20°52'	55°16'	+16°0	37°5
Le Cap	33°57'	18°8'	+1°1	31°8

En général on peut dire que c'est dans l'intérieur de l'Afrique que la température de l'air éprouve les moins grandes variations. Dans son expédition de 1816 sur le fleuve Zaïre, le capitaine Tuckey ayant observé la température pendant quarante jours (du 20 juillet au 30 août) au-dessus des cataractes, n'a pas trouvé une température supérieure à 26°.7 et une température inférieure à 20°.6. Mais, indépendamment des latitudes, les circonstances locales paraissent exercer la plus grande influence sur le thermomètre. ainsi, durant une campagne que le capitaine Tuckey avait faite dans la mer Rouge en 1800, le thermomètre, à minuit, ne descendit jamais au-dessous de 34°.4 centigrades; au lever du soleil, il marquait généralement 40°, et, à midi, de 44° à 45° centigrades. Ces chiffres indiquent très-bien d'ailleurs les énormes différences qui peuvent exister entre deux points du continent africain, situés l'un au sud et l'autre au nord de l'équateur. Le fleuve Zaïre n'est en effet que par 6 ou 8° de latitude australe, tandis que la mer Rouge se trouve par 20 ou 25° de latitude boréale.

Les lignes thermiques, malgré leur imperfection tenant à la rareté des observations météorologiques continues, peignent donc parfaitement aux yeux la distribution générale de la chaleur dans cette partie du monde.

DOCUMENTS CONSULTÉS PAR M. VUILLEMIN

POUR DRESSER LA CARTE DE L'AFRIQUE.

Le tracé des côtes d'après les cartes hydrographiques de la marine.

Carte de l'Algérie en deux feuilles, publiée par le dépôt de la guerre (1846).

Carte générale des oasis de Gourara et de Tidikelt, par le lieutenant-colonel L. de Colomb.

Carte du plateau central du Sahara, par H. Duveyrier, 1859-1861.

Karte eines theils von Africa von Dr Barth, 1850-1855.

Carte du voyage dans le Sahara occidental, d'après les indications du colonel Faidherbe, par le capitaine d'état-major Vincent.

Carte de la régence de Tripoli, par Prax et Benou, 1850.

Carte du voyage de Beurmann, 1862.

Carte du cours moyen des deux Nils et leurs affluents, par MM. Ambroise et Jules Poncelet, 1860.

Karte von Sud Afrika von Livingstone, Moffat, Gabon, Anderson, von Petermann, 1858, Gotha.

Map of Western Equatorial Africa, P. B. du Chaillu, 1856-1859.

Original Karte von Burton's u. Speke's entdeckungen in inner-Africa, 1857-1858.

Carte du voyage du docteur Livingstone ou lac Nyassa (Afrique orientale), 1852-1863.

Carte de l'itinéraire de Samuel Baker dans l'Afrique équatoriale, 1861-1865.

Das Nil-quellgebiet, zur Uebersicht der entdeckungen und erforschungen von captein Speke et Grant, 1864-1862.

Des capland nebst der Sud-Afrikanischen Freistaaten und sem gebiet der Kaffern und Hottentotten, von Dr Heinrich Berghaus, 1856.

Carte de l'Europe, atlas du Cosmos.

Carte de l'Asie, atlas du Cosmos.

Carte générale de la mer des Indes dressée par Bellecput hydrographe, 1848.

Carte de l'Île de Madagascar dressée à l'echelle 1/3,000,000 par V.-A. Malte-Brun.

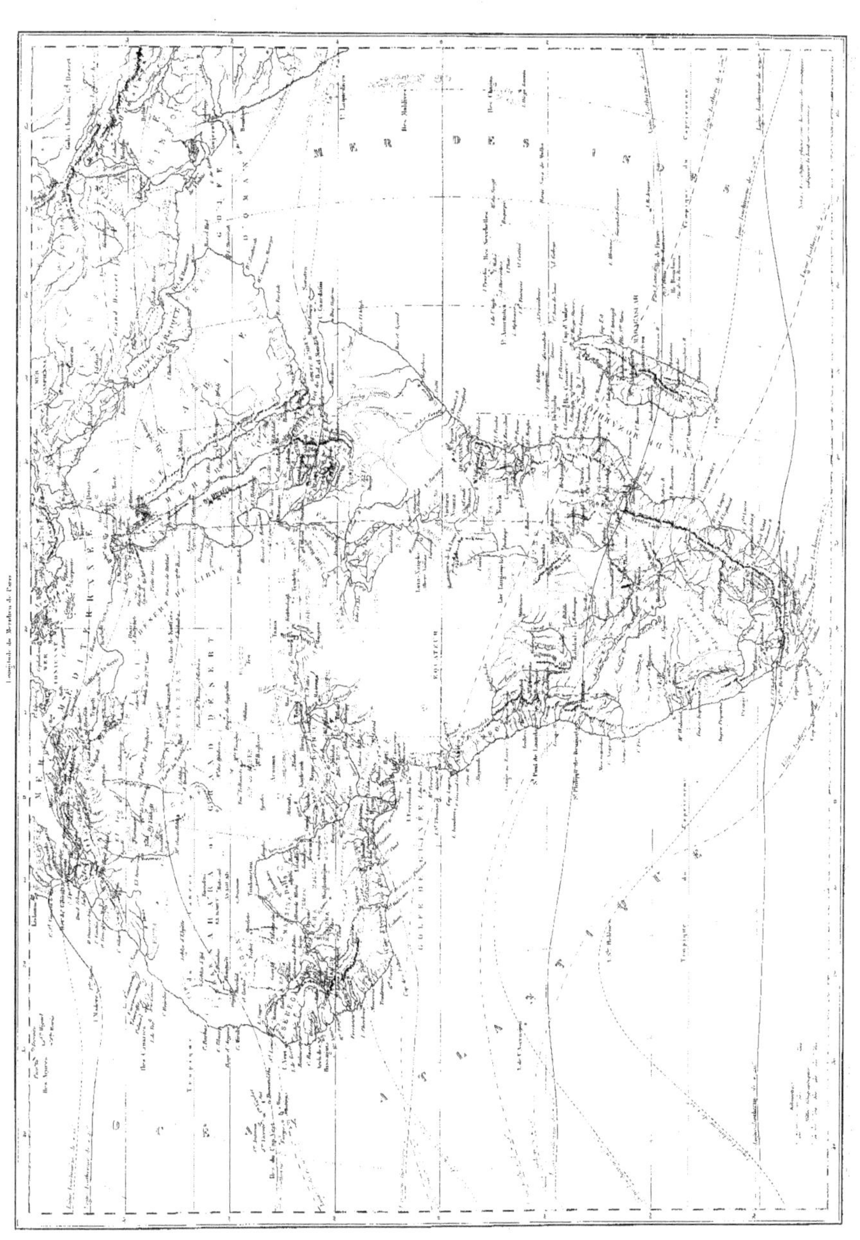

CARTE PHYSIQUE DE L'AFRIQUE.

LIGNES ISODYNAMIQUES, ISOCLINIQUES ET ISOGONIQUES.

Les manifestations des vertus magnétiques du globe en Afrique ne sont réellement bien connues que pour les contours de ce continent. Néanmoins, il est digne de remarque que c'est au séjour d'un illustre savant sur une île des mers qui baignent l'Afrique, que l'on doit les premières notions bien exactes sur la répartition du magnétisme à la surface de la terre. C'est à Halley qu'appartient le premier tracé assez bien fait des lignes isogoniques ou d'égale déclinaison, méthode graphique qui plus tard a reçu une grande extension pour l'étude de la physique terrestre. Halley marque ainsi une époque importante dans l'histoire magnétique de notre globe. A ce sujet, Humboldt s'exprime ainsi : « Les trois voyages maritimes que fit Halley en 1698, 1699 et 1702 sont postérieurs à la première conception d'une théorie qui reposait alors uniquement sur un voyage antérieur à Sainte-Hélène, et sur des observations de déclinaisons incomplètes, dues à Baffin, à Hudson et à Cornélius de Schouten. Ce sont les premières expéditions dirigées vers un grand but scientifique, à savoir, l'étude de l'un des éléments de la force terrestre nécessaire à la sûreté de la navigation, qui aient été entreprises sous les auspices et avec l'initiative d'un gouvernement. Halley s'avança jusqu'à 52° au delà de l'équateur, et put construire la première carte des *variations* (c'est-à-dire des déclinaisons), embrassant des espaces considérables. Cette carte assure à la science théorique du XIXᵉ siècle un point de comparaison instructif, qui, bien qu'un peu rapproché de nous, permet déjà de contrôler le mouvement progressif des courbes de déclinaisons. Ce fut une heureuse pensée de Halley de relier graphiquement par des lignes les points d'égale déclinaison, et de présenter ainsi clairement et sous un seul coup d'œil l'ensemble des résultats acquis. »

Le continent africain est traversé à peu près dans son milieu par l'équateur isodynamique, ou la ligne de plus faible intensité magnétique; de part et d'autre de cet équateur, l'intensité va ensuite en augmentant jusqu'à 4·300, jusque vers le cap de Bonne-Espérance d'une part, et au delà des monts Atlas d'autre part. Toutes les lignes isodynamiques paraissent en Afrique suivre une direction parallèle les unes aux autres avec une courbure dont la convexité est tournée vers la Méditerranée. L'équateur isodynamique pénètre dans le continent africain un peu au sud du cap Guardafui, et en sort au-dessus du cap Lopez, près des îles Saint-Thomas.

Les lignes isocliniques ou d'égale inclinaison montrent aussi que de part et d'autre de l'équateur magnétique l'inclinaison varie en Afrique depuis 0° jusqu'à un peu plus de 50°, selon qu'on s'approche du cap de Bonne-Espérance ou de l'Algérie. On sait que le nœud africain de l'équateur magnétique, c'est-à-dire le point d'intersection de la ligne sans inclinaison avec l'équateur terrestre, a subi entre les années 1825 et 1837 un mouvement de translation de l'est à l'ouest. Placé d'abord près de l'île Saint-Thomas, il paraît être maintenant sur le méridien de Paris. D'après les observations de M. Rochet d'Héricourt, l'équateur magnétique réel atteint le rivage oriental de l'Afrique près du détroit de Bab-el-Mandeb. — La variation séculaire paraît se faire sur la côte orientale qui fait face à la mer des Indes, exactement dans la même direction que sur la côte occidentale. Quant aux variations périodiques diurnes de l'inclinaison, elles sont inconnues pour l'intérieur du continent africain : on sait seulement que pour le cap de Bonne-Espérance, le minimum se produit à une heure où à Hobarton, dans l'île de Diémen, l'aiguille atteint le maximum.

Dès l'année 1436, grâce aux relations des pilotes chinois avec les Malais et les Indiens, et de ceux-ci avec les Arabes et les Maures, l'usage de la boussole se répandit peu à peu dans le bassin de la Méditerranée, chez les Majorquins et les Catalans, ainsi que sur la côte occidentale de l'Afrique. Dès lors, les indications de la variation magnétique furent tracées sur les cartes pour les différentes parties des mers; on commença alors à avoir une faible connaissance de la direction de l'aiguille aimantée dans l'hémisphère austral. Les Chinois auparavant s'étaient déjà aperçus que l'extrémité de l'aiguille sur laquelle ils se guidaient, n'était pas exactement tournée vers le pôle sud, mais toutes les particularités du phénomène n'ont été bien connues que depuis que des observations ont été suivies à Hobarton, à Sainte-Hélène et au cap de Bonne-Espérance. Il est bien établi maintenant que l'aiguille aimantée a, dans les latitudes moyennes de l'hémisphère austral, une marche précisément opposée à celle qu'elle suit dans les zones correspondantes de l'hémisphère boréal. — L'extrémité sud de l'aiguille allant de l'est à l'ouest, depuis le matin jusqu'à midi, il en résulte évidemment que l'extrémité nord accomplit un mouvement de l'ouest à l'est. On n'a reconnu jusqu'ici aucun point sans variation horaire de la déclinaison. Mais les observations assidues des stations magnétiques ont conduit à cette découverte inattendue qu'il y a des lieux, dans l'hémisphère magnétique austral, où les oscillations horaires de la déclinaison participent alternativement aux phénomènes distinctifs des deux hémisphères.

L'île Sainte-Hélène est à très-peu près située sur la ligne de la plus faible intensité magnétique, qui, dans ces parages, s'éloigne considérablement de l'équateur terrestre et de la ligne sans inclinaison. Dans cette île, la marche de l'extrémité nord de l'aiguille aimantée est exactement opposée, depuis le mois de mai jusqu'au mois de septembre, à celle qu'elle suit, aux mêmes heures, d'octobre à février.

Au cap, sur ce point extrême austral de l'Afrique, comme à Sainte-Hélène, l'aiguille aimantée parvenue à sa plus grande déclinaison orientale, s'en éloigne à sept heures et demie du matin et se dirige vers l'ouest jusqu'à onze heures, et demie, depuis le mois de mai jusqu'au mois de septembre. Au contraire, depuis le mois d'octobre jusqu'au mois de mai, l'aiguille se dirige vers l'est depuis huit heures et demie du matin jusque vers deux heures de l'après-midi. C'est là un des phénomènes les plus singuliers du magnétisme en Afrique.

Les lignes isogoniques ou d'égale déclinaison sont en Afrique, du moins pour les parties connues, celles comprises entre 5° et 30° de déclinaison occidentale; ces lignes n'ont pu être tracées que d'après les observations faites sur les côtes. La seule ligne sans déclinaison qui figure sur la carte est l'équateur isogonique passant par la mer Caspienne, mais il serait possible qu'il existât dans l'Afrique centrale un groupe ovale formé de lignes concentriques sur lesquelles la déclinaison diminuerait jusqu'à 0. « On n'a pas, dit Humboldt (*Cosmos*, tome IV, page 161), plus de raison pour affirmer que pour nier l'existence d'un tel système de lignes isogoniques. » Toutefois, l'aspect des lignes isogoniques africaines actuellement connues prouve qu'il y a sur ce point une question à résoudre, très-intéressante pour la physique du globe.

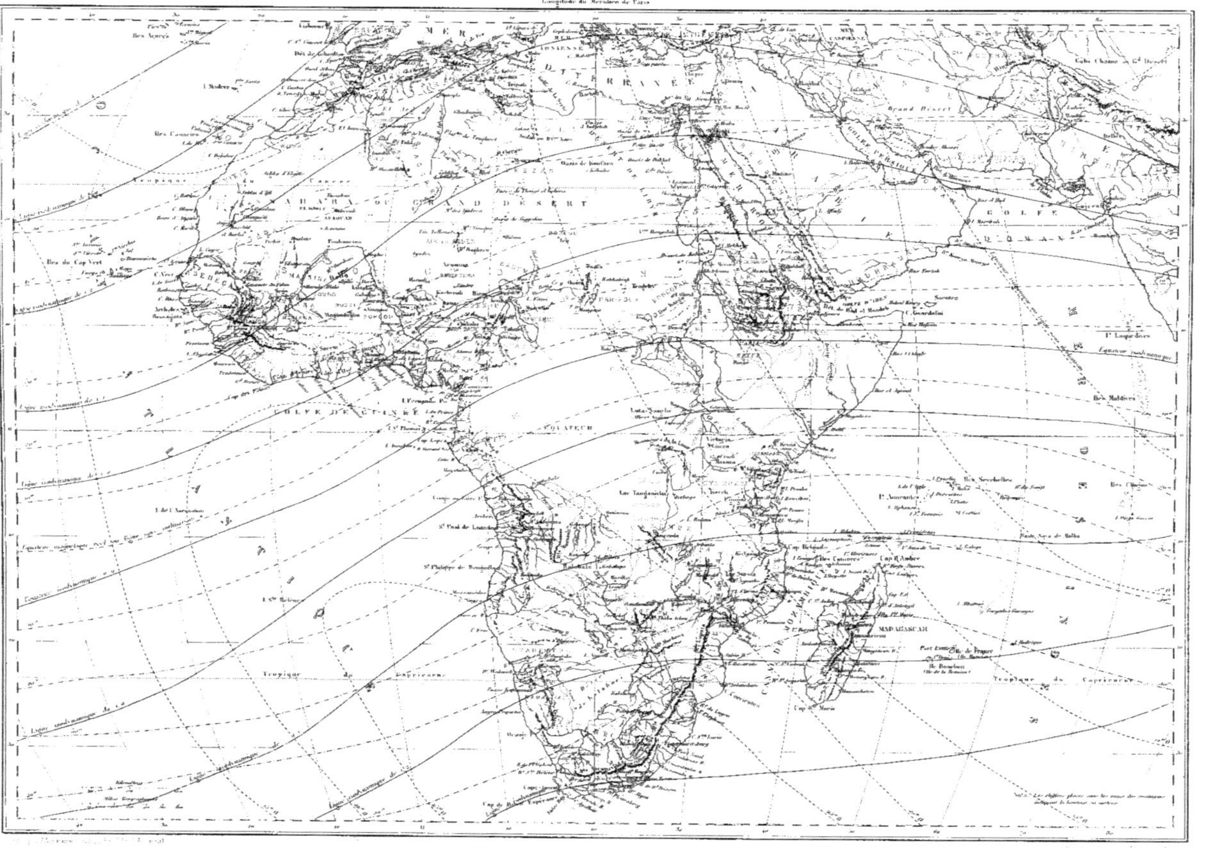

CARTE PHYSIQUE DE L'AFRIQUE
Lignes isogoniques isoclines et isodynames
Longitude du Méridien de Paris
MER MÉDITERRANÉE
SAHARA OU GRAND DÉSERT
GOLFE DE GUINÉE
ÉQUATEUR
MADAGASCAR
Tropique du Cancer
Tropique du Capricorne
Lignes isodynamiques
Lignes isoclines
Lignes isogoniques

CARTE PHYSIQUE DE L'AMÉRIQUE DU NORD

LIGNES ISODYNAMIQUES, ISOGONIQUES ET ISOCLINIQUES

L'étude du magnétisme terrestre est particulièrement intéressante dans l'Amérique du Nord; c'est là qu'on trouve à la fois le pôle de l'équateur magnétique moyen, le pôle nord magnétique réel, le foyer américain de plus grande intensité magnétique, le sommet du réseau des lignes isodynamiques de l'hémisphère boréal, et en même temps des lignes isogoniques dont la complication singulière fait opposition avec la régulière simplicité des lignes isocliniques. Le tracé des lignes magnétiques sur la carte physique de l'Amérique du Nord, exécuté d'après les documents si complets analysés par de Humboldt, dans le tome IV du *Cosmos*, mérite donc de fixer l'attention des savants qui s'occupent de la physique du globe terrestre.

Le pôle nord magnétique réel est le point de l'hémisphère boréal où l'inclinaison est égale à 90°, où par conséquent la force horizontale est nulle; ce point a été souvent et très à tort, confondu avec les deux points de plus grande intensité, qui en sont très-notablement éloignés. C'est vers le pôle magnétique que semblent concourir au moins les lignes isogoniques (d'égale déclinaison) de l'Amérique septentrionale. Cependant ce point est parfaitement distinct du pôle de l'équateur magnétique moyen; celui-ci est situé environ par 79° de latitude boréale et 82° de longitude occidentale; le point où l'aiguille aimantée se tiendrait verticale, c'est-à-dire le pôle magnétique réel, est par 70° 5' de latitude boréale et 99° 5' de longitude occidentale (*Cosmos*, t. IV, p. 118; *Œuvres* d'Arago, t. IV, p. 513). Le pôle nord magnétique paraît se mouvoir de l'ouest à l'est (*Cosmos*, t. IV, p. 469).

« Lorsqu'on suit attentivement, dit de Humboldt, la direction des lignes isodynamiques ou d'égale intensité, qui s'enveloppent les unes les autres, et que l'on passe des lignes extérieures qui sont les plus faibles, aux lignes intérieures, dont la force augmente graduellement, on reconnaît dans chaque hémisphère, à des distances très-inégales des pôles de rotation et des pôles magnétiques, deux points ou foyers de la plus grande intensité, l'un plus fort et l'autre plus faible. » De ces quatre foyers, celui qui est le plus fort est situé par 52° 19' de latitude boréale et 94° 19' de longitude occidentale; c'est le *foyer canadien* : il est figuré sur la carte magnétique de l'Amérique du Nord. De Humboldt ajoute : « L'ovale qui enferme le foyer septentrional le plus fort est situé dans le méridien de la limite occidentale du Lac Supérieur, entre l'extrémité méridionale de la baie d'Hudson et le lac canadien Winnipeg. » Cet ovale a été tracé sur la carte; l'intensité magnétique y est de 1.84, celle du foyer étant, d'après Lefroy (*Cosmos*, t. IV, p. 108), 1.878, et l'unité étant celle mesurée par de Humboldt sur l'équateur magnétique à l'endroit où il coupe la chaîne des Andes par 7° 2' de latitude australe et 81° 8' de longitude occidentale.

On remarquera que dans l'Amérique du Nord la déclinaison de l'aiguille aimantée varie depuis 35° à l'est jusqu'à 40° à l'ouest, en passant par toutes les valeurs intermédiaires. Parmi les lignes isogoniques (d'égale déclinaison), si singulièrement contournées, que montre la carte, il faut surtout remarquer la ligne au delà et en deçà de laquelle les déclinaisons se produisent en sens opposé et augmentent inégalement avec les distances.

Cette ligne sans déclinaison, ou ligne isogonique de 0°, a été déterminée par le colonel Sabine, avec une grande exactitude, pour l'année 1840; elle se dirigeait alors de l'embouchure du fleuve des Amazones vers le littoral de la Caroline du Sud, en coupant l'équateur géographique par 50° 6' de longitude occidentale, en suivant les côtes de la Guyane, en longeant l'arc décrit par les Petites Antilles, en passant au sud-ouest du cap Hatteras par 34° 50' de latitude boréale et 76° 30' de longitude occidentale, en continuant sa course vers le nord ouest vers le lac Erié, après avoir coupé le méridien de 80° par 41° 39' de latitude. Il est à supposer, dit de Humboldt (1858), que depuis 1840, cette ligne a déjà avancé vers l'ouest d'un demi-degré environ (*Cosmos*, t. IV, p. 163). Il est probable qu'elle est la même que celle des Açores que Christophe Colomb déterminait le 13 septembre 1492, et aussi que celle qui, en 1607, d'après les observations de Davis et de Keeling, traversait le cap de Bonne-Espérance.

Tandis que dans la partie boréale de l'Amérique du Nord, l'aiguille d'inclinaison se tient verticale, c'est-à-dire présente une inclinaison de 90°, la ligne isoclinique de 50° passe non loin de Mexico et par la pointe méridionale de la Basse-Californie, montrant ainsi que dans ce continent l'inclinaison subit des variations de plus de 40°.

La ville de Toronto, sur le lac Ontario, dans le Canada, a été le siège de nombreuses observations faites sur la déclinaison, l'inclinaison et l'intensité magnétiques, sur les variations régulières de ces éléments, et enfin sur les lois périodiques des orages magnétiques (*Cosmos*, t. IV, p. 87, 92, 97, 116, 126, 139, 147, 151, 159). La déclinaison y est de 1° 33' à l'ouest, l'inclinaison de 75° 15', l'intensité de 1.84. D'après les recherches de Sabine, le magnétisme y éprouve quatre changements de période. La variation d'intensité a son principal maximum à 6 heures du soir et son principal minimum à 2 heures du matin; un second maximum plus faible a lieu à huit heures du matin et un minimum plus faible deux heures après. L'intensité est plus grande durant les mois d'hiver, lorsque le soleil est dans les signes austraux, que dans les mois d'été. Le maximum principal de l'inclinaison a lieu à 9 heures du matin, le minimum principal à 4 heures du soir, le 2ᵉ maximum à 10 heures du soir, le 2ᵉ minimum à 6 heures du matin. C'est à 8 heures 1/4 du matin que l'extrémité nord de l'aiguille aimantée de déclinaison est le plus près d'être tournée vers le nord; de 8 heures 1/4 du matin à 1 heure 3/4 du soir, l'aiguille se meut de l'est à l'ouest jusqu'à ce qu'elle ait atteint son point le plus occidental; à partir de 1 heure 3/4, l'aiguille reprend sa marche vers l'est pendant le soir et une partie de la nuit jusqu'à minuit ou 1 heure du matin, en faisant souvent une petite pause vers 6 heures du soir. Dans la nuit, l'aiguille rétrograde faiblement vers l'ouest, jusqu'à ce qu'elle atteigne son minimum d'écartement, ou, en d'autres termes, son point d'arrêt oriental de 8 heures 1/4 du matin. Le mouvement vers l'ouest qui s'opère de 8 heures du matin à 1 heure du soir est plus sensible en été qu'en hiver. Les perturbations magnétiques y sont deux fois plus fortes la nuit que le jour, et elles sont plus rares en hiver, c'est-à-dire du mois de novembre au mois de février.

CARTE PHYSIQUE DE L'AMÉRIQUE DU NORD

LIGNES ISOTHERMES, ISOCHIMÈNES ET ISOTHÈRES

L'Amérique du Nord offre ce caractère d'avoir un climat très-froid, et cependant de présenter des terres habitées dans les plus hautes régions boréales. Aussi, le nouveau continent a-t-il été le théâtre des observations les plus importantes pour les progrès de la météorologie. C'est ce que Humboldt a fait ressortir d'une manière saisissante dans les lignes qui suivent (*Cosmos*, t. 1er, p. 378).

« Il est heureux, pour les progrès de la climatologie, que la civilisation européenne se soit établie sur deux rivages opposés, ou plutôt qu'elle ait rayonné de notre côte occidentale jusque sur une côte orientale, en traversant le bassin de l'Atlantique. Lorsque, après plusieurs tentatives éphémères en Islande et au Groënland, les habitants de la Grande-Bretagne fondèrent enfin sur le littoral des États-Unis d'Amérique leurs premières colonies durables, dont les poursuites religieuses, le fanatisme et l'amour de la liberté accrurent rapidement la population, les colons qui vinrent s'établir entre la Caroline du Nord et l'embouchure du fleuve Saint-Laurent s'étonnèrent d'éprouver des hivers beaucoup plus froids que ceux de l'Italie, de la France et de l'Écosse, sous les mêmes latitudes. Une pareille différence de climats devait tenir l'attention en éveil; cependant la remarque ne devint réellement féconde en résultats pour la météorologie que lorsqu'elle put être basée sur des données numériques, exprimant les températures moyennes annuelles. En comparant de cette manière Nain, sur la côte de Labrador, avec Gothenburg, Halifax avec Bordeaux, New-York avec Naples, Saint-Augustin, en Floride, avec le Caire, on trouve que, par les mêmes latitudes, les différences entre les températures moyennes de l'année de l'Amérique orientale et celles de l'Europe occidentale sont, en allant du nord au sud, 11°.5; 7°.7; 3°.8; et presque 0°. Le décroissement progressif de ces différences, dans une série qui comprend 28 degrés de latitude, est frappant. Plus loin,

vers le sud, sous les tropiques mêmes, les lignes isothermes sont partout parallèles à l'équateur. On voit, par les exemples précédents, que ces questions si souvent posées dans les cercles de la société : de combien de degrés l'Amérique (sans distinguer entre les côtes de l'ouest et celles de l'est) est-elle plus froide que l'Europe? quelle différence y a-t-il entre les températures moyennes de l'année au Canada ou aux États-Unis et celles de l'Europe? on voit, disons-nous, que, sous une forme si absolue, si générale, ces questions n'ont aucun sens. La différence, en effet, n'est point constante; elle varie d'un parallèle à l'autre, et sans une comparaison spéciale des températures d'été et d'hiver, sur les côtes opposées, il est impossible de se faire une idée juste des véritables rapports qui existent entre les climats, et d'apprécier leur influence sur l'agriculture, l'industrie et le bien-être des populations. »

En jetant un coup d'œil sur les lignes isothermes que nous avons tracées sur notre carte, on aperçoit d'abord combien ces lignes se relèvent vers les côtes occidentales, et, par conséquent, on reconnaît le fait signalé par Arago et de Humboldt, de la plus basse température des côtes orientales. Les lignes isothermes montrent en outre, par les variations qu'elles présentent dans leurs écartements, combien des causes particulières, que l'étude des localités met en évidence, peuvent influer sur les températures moyennes. Aussi Humboldt dit-il (*Cosmos*, t. 1er, p. 392) :

« Dans le système de l'*Amérique orientale*, la température moyenne annuelle varie, depuis la côte du Labrador jusqu'à Boston, de 0°.88 par chaque degré de latitude; de Boston à Charleston, de 0°.95; de Charleston au tropique du Cancer (Cuba) la variation diminue; elle n'est que de 0°.66. Dans la zone tropicale même, la température moyenne varie avec tant de lenteur, que, de la Havane à Cumana, le

changement, pour un degré de latitude, ne dépasse point 0°.20. »

Les lignes isochimènes et les lignes isothères donnent lieu à des remarques analogues, et, par l'abaissement de la partie concave des lignes isochimènes dans le centre du continent américain, on voit combien les hivers y sont excessifs. Par contre, les lignes isothères s'y relèvent assez fortement pour caractériser un climat où l'on peut passer rapidement de plusieurs dizaines de degrés au-dessous de zéro à plusieurs dizaines de degrés au-dessus, comme le montre le tableau suivant :

LIEUX.	Latitude.	Longitude.	Minima extrêmes observées.	Maxima extrêmes observées.
Île Melleville	74°47′N	113° 8′O	— 49.3	+ 13.6
Mer du Groënland	72 0	22 0	— 41.5	+ 31.2
Port Félix	70 0	91 13	50.8	+ 21.1
Île Igloolik	69 19	81 33	— 41.8	+ 15.0
Nain (Labrador)	57 10	61 10	— 37.3	+ 29.1
Québec	46 49	73 36	— 40.0	+ 37.3
Montréal	45 31	73 55	— 37.2	+ 36.7
Port Howard	44 40	38 22	— 35.9	+ 37.8
Dover	43 18	73 11	— 32.2	+ 37.3
Salem	42 31	73 11	— 27.2	+ 38.3
Boston	42 21	73 21	— 35.6	+ 35.9
Marietta	39 25	77 30	— 20.0	+ 37.0
Cincinnati	39 6	86 30	— 27.0	+ 42.0
Charlestown	32 17	82 16	— 17.8	+ 38.3
Natchez	31 33	93 45	— 17.8	+ 31.4
Key-West (Floride)	24 34	84 13	+ 6.7	+ 34.2
Vera-Cruz	19 12	98 29	+ 16.0	+ 35.6
Ubajoy (Cuba)	24 9	81 15	0.0	+ 31.4

Arago explique de la manière suivante le climat rigoureux de l'Amérique septentrionale (*Astronomie populaire*, t. IV, p. 579) :

« .... Les vents influent énormément sur la température des lieux qu'ils vont visiter; ils portent dans chacun de ces lieux une partie de la température des régions qu'ils ont traversées; partout où ils passent, ils laissent une portion plus ou moins considérable de leur température initiale, lorsqu'ils sont plus chauds que les régions parcourues, et le contraire arrive lorsqu'ils sont plus froids..... Or, les vents prédominants dans les latitudes tempérées de l'Amérique sont les vents de sud-ouest. Ces vents, venant

de l'océan Pacifique, n'atteignent la côte des États-Unis qu'après avoir traversé l'Amérique dans sa plus grande largeur. Quand ils soufflent en été, leur température, très-modérée au moment où ils quittent la mer Pacifique pour s'enfoncer dans le continent s'accroît d'une partie de la température, très-supérieure à la leur, que toute la partie solide du continent américain a dû acquérir à cette époque de l'année. Au moment où ce vent arrivera à Québec, à Boston ou à Philadelphie, il aura donc à peu près la température que les atmosphères de ces villes auraient acquise par la seule absorption des rayons solaires. Le vent sud-ouest ne produira aucune diminution sur les températures estivales de la côte nord-est d'Amérique.

« Pendant l'hiver, les vents du sud-ouest qui proviennent de l'océan Pacifique sont d'une température modérée; mais ils se refroidissent considérablement en traversant la vaste étendue du continent américain, et n'atteindront la côte orientale qu'avec une température très-basse, et qui ne pourra influer que très-faiblement sur la température astronomique ou indépendante des déplacements atmosphériques des villes que nous avons nommées.

« Après avoir dépassé la côte orientale d'Amérique, le vent s'identifiera en toute saison avec la température de l'océan Atlantique qu'il traverse; il arrivera donc aux rives de l'ancien continent avec une température supérieure à celle de ce continent en hiver, et plus faible en été; il aura pour effet de rendre moins dissemblables les températures des deux saisons extrêmes. Chacun comprendra alors pourquoi Buffon disait que sur la côte orientale des États-Unis on avait un *climat excessif*, c'est-à-dire pour chaque température moyenne, comparée à celle d'Europe, un été beaucoup plus chaud et un hiver beaucoup plus froid »

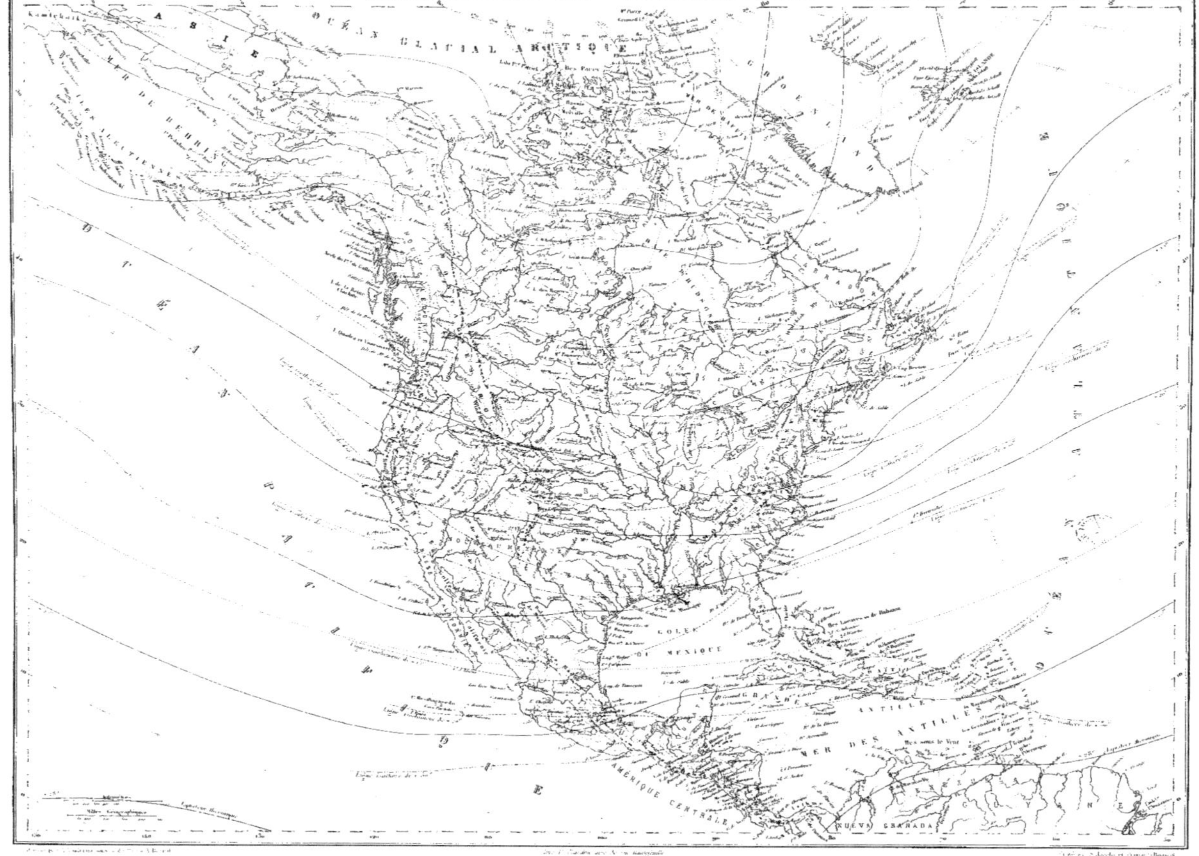

CARTE PHYSIQUE DE L'AMÉRIQUE DU NORD
ASIE
OCÉAN GLACIAL ARCTIQUE
GROENLAND
MER DE BEHRING
ILES ALÉOUTIENNES
OCÉAN PACIFIQUE
LABRADOR
GOLFE DU MEXIQUE
MER DES ANTILLES
AMÉRIQUE CENTRALE
NUEVA GRANADA
GUYANE

CARTE PHYSIQUE DE L'AMÉRIQUE DU SUD

LIGNES ISODYNAMIQUES, ISOCLINIQUES ET ISOGONIQUES

Ce sont les déterminations de l'intensité et de l'inclinaison magnétiques faites par M. de Humboldt pendant son voyage dans l'Amérique du Sud, qui ont, on peut le dire, créé la science du magnétisme terrestre. L'illustre savant a compris toute leur importance en y insistant à plusieurs reprises dans la relation historique de son expédition aux *régions équinoxiales du nouveau continent*. Dans une note du *Cosmos*, (t. IV, p. 505), il s'exprime ainsi à cet égard : «Lorsque je voulus m'adjoindre, en 1798, à l'expédition du capitaine Baudin, pour un voyage de circumnavigation, Borda s'intéressa vivement à mon projet, et m'invita à faire osciller une aiguille verticale dans le méridien magnétique, par différentes latitudes, sur l'un et sur l'autre hémisphère, afin d'examiner si l'intensité magnétique varie, ou si elle est partout la même. Ces recherches furent effectivement un des objets principaux que j'eus en vue lorsque j'entrepris mon voyage dans les régions équinoxiales de l'Amérique. Là, je parvins à constater, par mes observations, qu'une même aiguille, faisant en 10 minutes 245 oscillations à Paris, en fait 242 à Mexico, 216 à San-Carlo del Rio-Negro, 211 seulement au Pérou, sous l'équateur magnétique, c'est-à-dire sur la ligne où l'inclinaison est égale à zéro (7° 1' de latitude sud, 80° 40' de longitude ouest), et que cette même aiguille transportée à Lima (latitude 12° 2' sud) présente 219 oscillations dans le même intervalle de temps. Ainsi, de 1799 à 1803, j'ai trouvé qu'en représentant par 1.0000 la force totale de l'équateur magnétique dans la chaîne des Andes péruviennes, entre Micuipampa et Caxamarca, la force totale à Paris est représentée par 1.3482; à Mexico par 1.3455; à San-Carlo del Rio-Negro, par 1.0480; à Lima, par 1.0773. Lorsque je développai à l'Institut, le 26 frimaire an XIII, dans un Mémoire dont la partie mathématique appartient à M. Biot, la loi des variations de l'intensité de la force magnétique du globe, en montrant qu'elle était vérifiée par les valeurs numériques déduites des observations que j'avais faites en 104 points différents, la loi et les faits parurent complètement nouveaux. Ce fut seulement après la lecture de ce Mémoire, que M. de Rossel communiqua à M. Biot ses observations antérieures, faites de 1791 à 1794, à la terre de Van-Diémen, à Java et à Amboine : cette circonstance a été expressément consignée par M. Biot dans le Mémoire indiqué ci-dessus, et par moi-même dans la *Relation historique* de mon voyage (t. II de l'édition in-8°, p. 118). Les observations de M. de Rossel établissent aussi le décroissement d'intensité dans l'archipel Indien. Il est à présumer qu'avant la lecture de mon Mémoire, cet excellent homme n'avait point reconnu, dans ses propres travaux, la régularité avec laquelle l'intensité augmente ou diminue, car il n'avait jamais parlé de cette loi à nos amis communs, Laplace, Delambre, Prony et Biot. Ce fut en 1803 seulement, c'est-à-dire quatre ans après mon retour d'Amérique, que les observations de M. de Rossel parurent dans le voyage d'Entrecasteaux... Du reste, d'autres observations faites par Lamanon, pendant la malheureuse expédition de Lapérouse, avaient constaté que l'intensité magnétique, déduite du nombre des oscillations de l'aiguille de la boussole d'inclinaison, change et augmente avec la latitude. Si l'Académie des sciences s'était crue autorisée à devancer le retour alors espéré de l'infortuné Lapérouse, et à publier en 1787 une vérité qui a dû être retrouvée depuis par deux voyageurs complètement étrangers l'un à l'autre, la théorie du magnétisme terrestre n'aurait pas attendu dix-huit ans le progrès dont elle devait être dotée par la découverte d'une nouvelle classe de phénomènes. «

Sur la carte magnétique de l'Amérique du Sud, on a marqué le point où M. de Humboldt a fait les mesures qui ont servi pour établir l'unité conventionnelle de l'intensité magnétique, par 7° 2' de latitude australe et 81° 8' de longitude occidentale. Près du même point l'inclinaison est nulle.

« L'étendue, dit M. de Humboldt (*Relation historique*, t. II de l'édition in-8°, p. 135), de la surface du globe, dans laquelle j'ai pu déterminer les phénomènes magnétiques avec les mêmes instruments et en employant des méthodes analogues, est de 115° en longitude; elle est comprise entre 52° de latitude boréale et 42° de latitude australe. Cette vaste région offre d'autant plus d'intérêt qu'elle est traversée par l'équateur magnétique; de sorte que, le point où l'inclinaison est zéro ayant été déterminé à terre, on peut, pour les deux Amériques, convertir avec précision les latitudes terrestres en latitudes magnétiques. Cette conversion, indispensable pour l'étude des lois compliquées du magnétisme, est au contraire très-hasardée lorsqu'on compare des observations d'inclinaison faites sous des méridiens très-éloignés les uns des autres, et lorsque l'on regarde l'équateur magnétique comme un grand cercle sans inflexion et sans irrégularité de courbure. »

La carte magnétique de l'Amérique du Sud présente la plus grande partie de la région du nouveau continent explorée par M. de Humboldt. Il règne encore quelques incertitudes sur les véritables valeurs des éléments du magnétisme terrestre dans les régions de l'Amérique du Sud qu'il n'a pas visitées.

La courbe du minimum d'intensité, ou l'équateur dynamique, ne se confond pas, comme on le voit sur la carte, avec l'équateur magnétique ou la ligne sans inclinaison. On a indiqué la zone de plus faible intensité signalée par Adolf Erman, zone où l'intensité n'est que de 0.7062; elle est située à l'est de la province brésilienne de Espiritu-Santo, par 20° de latitude australe et 37° de longitude occidentale.

Dans l'Amérique du Sud, l'intensité varie de 0.7062 à 1.450 vers l'hémisphère boréal, et à 1.500 vers l'hémisphère austral; la plus grande inclinaison est de 30° environ d'un côté et de 65° de l'autre. Ce continent est en outre traversé par une ligne sans déclinaison qui descend vers le pôle antarctique entre le 70° et le 30° méridien occidental. La déclinaison est orientale du côté de l'océan Pacifique et augmente jusqu'à 20°; elle est occidentale du côté de l'océan Atlantique et s'y élève jusqu'à 5° seulement.

CARTE PHYSIQUE DE L'AMÉRIQUE DU SUD
lignes isodynamiques isoclines et isogoniques

CARTE PHYSIQUE DE L'AMÉRIQUE DU SUD

LIGNES ISOTHERMES, ISOCHIMÈNES ET ISOTHÈRES

Dans l'Amérique méridionale, l'étendue de la partie montueuse est le quart, d'après de Humboldt, de la surface de la région des plaines. D'un autre côté, en jetant un coup d'œil sur la carte physique qui représente les chaînes de montagnes et les cours d'eau de ce continent, on aperçoit l'énorme relief qui borde la longue côte occidentale entièrement comprise entre les méridiens de 70° et de 80°. Vers le bas, les terres se terminent en pointe, et les deux océans Atlantique et Pacifique les resserrent, tandis que vers le dixième degré de latitude australe les plaines s'étendent librement de l'ouest à l'est, direction que suit à peu près le grand fleuve des Amazones.

Cette configuration donne l'explication des phénomènes de température remarquables présentés par l'Amérique du Sud.

En ce qui concerne les *Lignes isothermes*, c'est-à-dire les lignes d'égale température moyenne, on constate que ces lignes, à peu près parallèles entre elles, se relèvent légèrement vers l'équateur, à mesure qu'elles s'approchent de la côte occidentale.

La ligne isotherme de + 5° passe près du cap Horn et du détroit de Magellan, celle de + 10° par les îles de Kiloé ; c'est dire qu'au-dessous de la première ligne et en allant vers le pôle glacial antarctique, la température moyenne annuelle reste inférieure à + 5°, et qu'entre les deux lignes la température moyenne est comprise entre + 5° et + 10°. Cette région a cela de remarquable que la ligne isochimène de + 5° et la ligne isotherre de + 10° y passent toutes deux, de telle sorte que le climat y est d'une constance remarquable, presque à l'égal de ce qu'on trouve en pleine mer pour les mêmes latitudes.

La ligne isotherme de + 15° passe au-dessus de Valparaiso, mais au-dessous de Buénos-Ayres ; c'est dire que, à égalité de latitude, sur la côte occidentale il

fait moins chaud que sur la côte orientale, phénomène inverse de celui présenté par l'Amérique du Nord. Du reste, toutes les lignes isothermes, jusqu'à l'équateur thermique, présentent ce même aspect sur le continent où nous étudions la distribution de la chaleur atmosphérique.

Il est bien entendu que les lignes thermiques ont été tracées en supposant qu'on a réduit les observations thermométriques au niveau de la mer. Cette réduction n'a pu être faite que d'une manière approchée, parce qu'elle ne doit pas être la même pour les diverses régions. A cet égard, de Humboldt (*Cosmos*, t. Ier, p. 392) s'exprime ainsi : « Il règne, dans chaque système de lignes isothermes, à courbures égales, une liaison intime et nécessaire entre trois éléments : la diminution de la chaleur dans le sens vertical et de bas en haut ; la variation de température pour 1° de changement dans la latitude géographique ; et le rapport qui existe entre la moyenne température d'une station, sur une montagne, et la distance au pôle d'un point situé au niveau de la mer. » Malheureusement la loi signalée par l'illustre physicien n'a pas encore été suffisamment déterminée. Tout ce que l'on sait, c'est qu'à mesure qu'on s'approche de la zone tropicale, la température moyenne varie de plus en plus lentement pour chaque degré de latitude. Cela est rendu bien évident sur la carte par l'écartement de plus en plus grand des lignes isothermes, à mesure qu'on se rapproche de l'équateur thermique, c'est-à-dire de la ligne qui passe par tous les points où la température moyenne annuelle est au maximum. Ce maximum est de + 28°.

En un même lieu, lorsqu'il se trouve de hautes montagnes, on rencontre successivement tous les climats : par exemple, en montant sur les versants de la chaîne des Andes tropicales, on constate successivement les circonstances météorologiques les plus va-

riées, depuis le climat de l'équateur thermique jusqu'à celui des neiges perpétuelles. A cet égard, de Humboldt s'exprime ainsi : « Les observations que j'ai faites jusqu'à 6,000 mètres de hauteur, dans la partie de la chaîne des Andes comprise entre les tropiques, m'ont donné une diminution de 1° de température par 187 mètres d'augmentation dans la hauteur. Trente ans plus tard, mon ami Boussingault a trouvé en moyenne 175 mètres. En comparant les lieux situés sur le versant même des Cordillères avec d'autres lieux d'égale hauteur au-dessus de la mer, mais placés sur des plateaux d'une grande étendue, j'ai remarqué que la température moyenne de l'année était plus élevée de 1°.5 à 2°.3 dans ces derniers lieux. La différence serait plus forte, sans la déperdition de chaleur que le rayonnement occasionne pendant la nuit. Comme, dans cette région, les climats se trouvent étagés les uns au-dessus des autres, depuis les forêts de cacaos des plaines basses jusqu'à la neige éternelle, et comme la température y varie très-peu d'un bout à l'autre de l'année, on peut se faire une idée assez exacte des températures particulières aux grandes villes de la chaîne des Andes, en les comparant à celles qu'on éprouve en France et en Italie, à certaines époques de l'année. Tandis qu'il règne, chaque jour, sur les rives boisées de l'Orénoque, une chaleur qui dépasse de 5° celle du mois d'août à Palerme, on trouve, à mesure qu'on s'élève sur les Andes, à Popayan (1,775 mètres), les trois mois d'été de Marseille ; à Quito (2,908 mètres), la fin du mois de mai de Paris ; enfin, sur les Paramos où croissent des plantes alpestres, chétives, il est vrai, et cependant couvertes de fleurs, on trouve la température qui règne à Paris au commencement du mois d'avril. »

A mesure que l'on s'approche de l'équateur thermique, les différences entre les températures estivales et hivernales deviennent moindres ; c'est pourquoi on peut voir sur la carte, d'une part, les lignes isochimènes de + 15° et de + 26° et les lignes isothères de

+ 45 et de + 28° se rapprocher à l'extrémité tropicale de l'Amérique du Sud, vers la mer des Antilles. Dans cette région, on trouve quelques lieux, par exemple la Trinité, où la température moyenne annuelle ne diffère pour ainsi dire pas de la température moyenne de l'été, ni de la température moyenne de l'hiver. Du reste, on peut dire que partout dans l'Amérique méridionale les écarts entre les plus hautes et les plus basses températures observées sont moindres que dans les autres continents. C'est ce que démontre le tableau suivant dressé d'après tous les chiffres donnés dans les œuvres d'Arago et de Humboldt :

LOCALITÉS.	Latitude.	Longitude.	Chaleur extrême.	Saison froide.
Curaçao	12° 0'N	71°16'O	+ 28.9	— 32.5
Maracaibo	11 19	76 29	+ 21.1	+ 37.2
Paramaribo	5 45	57 33	+ 16.1	+ 35.2
Cayenne	4 56	54 39	+ 18.7	+ 30.7
Quito	0 14 S	81 5	+ 6.0	— 22.0
Saint-Louis de Marana	2 31	46 36	+ 21.5	+ 23.3
Rio de Janeiro	22 54	45 30	+ 11.5	— 34.5
Buénos-Ayres	34 36	60 44	— 2.2	+ 35.6
Iles Falkland	51 25	63 15	— 5.6	+ 26.7

Ces chiffres démontrent, en outre, qu'au fur et à mesure que l'on se rapproche du pôle antarctique les différences entre les températures extrêmes deviennent plus grandes. Ainsi, d'une dizaine de degrés seulement près de l'équateur thermique, elles s'élèvent à plus de 30° aux îles Falkland, dans la région comprise entre les lignes isothermes de + 10° et + 5°, et là cependant passent la ligne isochimène de + 5° et la ligne isothère de + 10°.

Enfin on aperçoit encore sur la carte la grande influence d'un continent sur l'état thermométrique de l'air, par la circonvolution de la ligne isothère de + 15° qui, descendant le long de la côte orientale de l'Amérique septentrionale, arrive jusqu'à Buénos-Ayres pour remonter jusqu'au delà de l'équateur, en suivant la côte occidentale.

CARTE PHYSIQUE DE L'AMERIQUE DU SUD.
MER DES ANTILLES
GRANDES ANTILLES
OCÉAN GLACIAL ANTARCTIQUE

CARTE PHYSIQUE DE LA FRANCE

LIGNES ISOCLINIQUES, ISOGONIQUES ET ISODYNAMIQUES

Les lignes isocliniques, isogoniques et isodynami-ques tracées sur la carte physique de la France donnent les points de cet empire qui présentaient en 1830 les mêmes inclinaisons, les mêmes déclinaisons et les mêmes intensités magnétiques.

On voit d'après cette carte que l'inclinaison est ac-tuellement comprise en France entre 69° et 62°.

La variation séculaire de l'inclinaison à Paris est discutée par de Humboldt dans le tome IV du *Cosmos*, page 129. Le tableau suivant (voir *Œuvres d'Arago*, t. IV, p. 506 à 512) représente les variations de l'in-clinaison à Paris depuis deux siècles.

1671	75° 0'
1751	72 15
1776	72 25
1780	71 48
1791	70 52
1798	69 51
1810	68 50
1813	68 35
1817	68 33
1819	68 21
1822	68 12
1825	68 4

1829	67° 41'
1833	67 24
1841	67 9
1849	66 43
1851	66 35
1860	66 11

La carte montre aussi que la déclinaison en France est orientale et se trouve comprise entre 25° et 18°. Ses variations avec le temps à Paris ont été rapportées dans le texte qui accompagne la carte des méridiens et des parallèles magnétiques figurés sur la projection polaire de la Terre.

Quant à l'intensité magnétique, elle est comprise en France entre 1.375 et 1.275, l'intensité prise pour unité (1.000) étant celle observée par de Humboldt sur l'équateur magnétique ou ligne sans inclinaison qui traverse les Cordillères du Pérou entre Micuipampa et Canamarca, par 7° 2' de latitude boréale et 81° 8' de longitude occidentale (voir le tome IV du *Cosmos*, p. 80). L'intensité magnétique est à Paris 1.348.

La carte physique destinée à montrer tous les reliefs du sol de la France, ses chaînes de montagnes, ses plateaux, ses vallées, ses cours d'eau a été dressée avec un grand soin par M. Vuillemin, qui a mis à contri-bution les documents suivants :

Carte hydrographique de la France, par F. Du-brena.

Carte générale des principales voies de commu-nication de l'empire français. (Dépôt des cartes et plans du ministère des travaux publics.)

Cartes hydrographiques des côtes de France, de-puis le cap Gris-Nez jusqu'à Bayonne, levées par les ingénieurs hydrographes de la marine sous les ordres de M. Beautemps-Beaupré. (Dépôt de la ma-rine.)

Carte générale des côtes méridionales de France, dressée en 1844 et 1845, par B. Duperré et Bégat. (Dépôt de la marine, 1850.)

Carte des côtes de la mer Méditerranée, pour la partie comprise entre Marseille et Piombino, dressée par M. Daussy. (Dépôt de la marine, 1832.)

Carte des sondes d'atterrage des côtes occidentales de France et des côtes septentrionales d'Espagne. (Dépôt de la marine, 1831.)

Carte générale de l'île de la Corse, dressée par M. Hell. (Dépôt général de la marine, 1831.)

Carte générale de la Manche, dressée d'après les derniers travaux des ingénieurs hydrographes de la marine, 1845.

Carte orographique, hydrographique et routière de l'empire français, comprenant le bassin du Rhin et la région des Alpes occidentales, d'après les officiers d'état-major français et étrangers, dressée par M. Vuil-lemin, 1860.

Carte topographique de la Suisse, dressée par Osterwald, 1852.

Die Preussische Rhein-Provinz, par A. Stieler. Gotha, 1856.

Wurtemberg und Baden, ibid.

Frankreich, von F. Stülpnagel. Gotha, 1855.

Germany Western States, by A. K. Johnston. Edinburgh, 1850.

Frankreich, von H. Berghaus. Berlin, 1824.

Carta degli Stati di S. M. Sarda. Turin, 1846.

Orographie de l'Europe, par L. Bruguière, 1850.

Géographie prototype de la France, par Denaix.

Géographie militaire de l'Europe, par le colonel de Rudtorffer.

Patria, 1847.

Les pays limitrophes ont été étudiés et dessinés par M. Vuillemin avec le même soin que la France.

PROJECTION STÉRÉOGRAPHIQUE POLAIRE DES DEUX HÉMISPHÈRES TERRESTRES

MÉRIDIENS ET PARALLÈLES MAGNÉTIQUES

« La constitution magnétique de notre planète, dit de Humboldt dans le tome IV du *Cosmos* (p. 56), ne peut être connue que d'une manière indirecte, par les manifestations de la force terrestre et à la condition qu'elles révèlent des rapports appréciables dans l'espace ou dans le temps. La force magnétique de la Terre a cela de particulier qu'elle se signale par des effets incessamment variables: on ne peut la comparer, à ce point de vue, ni la température, ni les accumulations de vapeurs, ni la tension électrique des couches inférieures de l'atmosphère. Cette perpétuelle instabilité dans les états magnétiques et électriques de la matière, si étroitement liés entre eux, distingue aussi essentiellement les phénomènes de l'électro-magnétisme de ceux que produit, à des distances toujours les mêmes, la force élémentaire de la matière, à savoir l'attraction des masses et l'attraction moléculaire. »

Parmi les variations du magnétisme, il en est dont les oscillations sont de courte durée, mais d'autres sont séculaires. Ces dernières sont les plus difficiles à discerner, parce que les observations précises n'embrassent pas encore des périodes suffisamment longues; leurs fois sont inconnues aujourd'hui et il est réservé aux générations futures de les établir en se servant de faits lentement amassés dans la suite des temps. Ce qu'il importe de faire dans le XIXᵉ siècle, c'est de bien fixer l'état magnétique général du globe.

Une circonstance capitale donne une grande valeur aux déterminations multipliées qui ont été faites sur presque tous les points de la surface de la Terre par de nombreux observateurs dans les cinquante premières années de ce siècle, parce que de 1810 à 1835 (*Œuvres d'Arago*, tome IV; *Notices scientifiques*, t. Iᵉʳ, p. 468 à 477) l'aiguille magnétique horizontale ou de déclinaison paraît avoir atteint la limite extrême de son mouvement vers l'ouest, et, après plusieurs oscillations, avoir commencé vers l'est le mouvement rétrograde qu'elle poursuit maintenant d'une manière continue, mais encore avec une grande lenteur. D'ailleurs, lorsqu'un phénomène variable est arrivé à un maximum, les erreurs dans les observations des éléments qui peuvent le caractériser ont une moindre influence sur l'exactitude des constatations expérimen-

tales. Aussi les cartes publiées en 1836 par M. Duperrey et qui représentent l'état magnétique du globe terrestre pour l'année 1835, d'après les observations personnelles de ce savant navigateur et d'après toutes les observations recueillies jusqu'au moment où il les a arrêtées, sont-elles extrêmement précieuses pour la science.

Outre plusieurs effets secondaires, le magnétisme terrestre se manifeste par deux phénomènes principaux, par la direction qu'il imprime à une aiguille aimantée librement suspendue par son centre de gravité, et par la grandeur de l'action exercée pour la diriger ou son *intensité*. Comme il est difficile de suspendre une aiguille exactement par son centre de gravité, de manière que cela ne l'empêche de prendre toutes les positions possibles, on a pris le parti d'avoir recours à deux sortes d'aiguilles : à une aiguille se mouvant librement dans un plan horizontal et à une aiguille se mouvant dans un plan vertical déterminé.

On appelle *méridien magnétique d'un lieu* le plan vertical qui en ce lieu passe par l'aiguille aimantée horizontale. C'est dans ce plan qu'on place l'aiguille suspendue de manière à se mouvoir librement dans un plan vertical: on appelle *inclinaison* l'angle que fait cette aiguille avec l'horizon.

On appelle *déclinaison* l'angle que le plan méridien magnétique fait en un lieu donné avec le plan méridien astronomique. Cet angle éprouve, en un lieu donné, des variations diurnes (voir le *Cosmos*, t. Iᵉʳ, p. 205, et t. IV, p. 95 et 138; t. IV des *Œuvres* d'Arago, p. 485), des variations mensuelles et annuelles (voir le *Cosmos*, t. IV, p. 453 et 583; t. IV des *Œuvres* d'Arago, p. 479), des variations décennales (voir le *Cosmos*, t. IV, p. 96), des variations séculaires (voir le *Cosmos*, t. Iᵉʳ, p. 205; les *Œuvres* d'Arago, t. IV, p. 468).

Vers 1550, dans nos climats, la partie nord de l'aiguille horizontale était dirigée vers l'est du méridien terrestre d'environ 8° 10'. Trente ans plus tard, en 1580, l'aiguille avait atteint à peu près son maximum de déviation orientale, savoir 11° 30'. La déclinaison était nulle en 1663; à partir de 1665 elle devint

occidentale. L'aiguille eut à Paris une déviation de plus de 22° vers l'ouest de 1810 à 1835. La déclinaison occidentale s'est réduite à 39° 30' en 1850, et 19° 35' en 1860.

Si l'on passe d'un lieu à un autre, on trouve une déclinaison différente, mais les plus grandes déclinaisons qui aient été constatées par l'observation directe sont de 46° à l'est et de 45° à l'ouest du méridien terrestre.

On appelle *méridiens magnétiques* (voir le tome IV des *Œuvres* d'Arago, p. 478) des lignes tracées à la surface de la Terre et telles que si on les suivait avec une boussole, on trouverait constamment sur tout leur parcours le même angle de déclinaison.

Trente-six méridiens magnétiques embrassant toute la surface de la terre sont tracés, d'après M. Duperrey, sur la carte qui représente la projection stéréographique polaire des deux hémisphères terrestres. On voit qu'ils sont très-loin de se confondre avec les méridiens astronomiques et qu'en outre, soit dans l'hémisphère nord, soit dans l'hémisphère sud, ils concourent vers des régions qui sont excentriques par rapport aux deux pôles de la Terre.

On appelle *pôles magnétiques* les points de la surface de la terre où l'inclinaison magnétique est égale à 90°, c'est-à-dire où l'aiguille d'inclinaison se tient verticale. M. Duperrey, en cherchant quelle est l'intersection des méridiens magnétiques, a placé les deux pôles magnétiques un peu à la droite des deux pôles terrestres, ainsi que le montre la carte. Ces positions sont très-rapprochées de celles que Gauss leur attribue dans sa théorie du magnétisme terrestre et aussi de celles qui résultent des expéditions de sir John Ross vers le pôle arctique et de sir James Ross vers le pôle antarctique (voir le *Cosmos*, t. IV, p. 118; *Œuvres* d'Arago, t. IV, p. 513 et t. IX, p. 431). Les trois déterminations sont les suivantes :

		Duperrey.		Gauss.		Ross.	
Pôle arctique.	Latitᵈᵉ	70°	5' N	73° 35' N		70°	5' N
	Longᵈᵉ	100	45 O	118	0 O	99	5 O
Pôle antarctiq.	Latitᵈᵉ	76°	0' S	73° 35' S		73°	5' S
	Longᵈᵉ	133	0 E	150 40 E		151	48 E

« La différence des longitudes entre les deux pôles magnétiques, dit de Humboldt, est de 109°. Le pôle nord appartient à la grande île Boothia Felix, voisine du continent américain, et qui fait partie du pays nommé d'abord par le capitaine Parry North Somerset... Le pôle central est situé dans la grande contrée polaire antarctique South Victoria Land, à l'ouest des Albert Mountains. »

L'*équateur magnétique* est la ligne qui réunit la série des points du globe où l'inclinaison de l'aiguille aimantée est égale à 0°. Cette ligne est pointillée sur la carte que nous publions d'après M. Duperrey ; on voit qu'elle est en partie sur l'hémisphère nord et en partie sur l'hémisphère sud; elle ne se confond donc pas avec l'équateur terrestre qu'elle coupe en deux points (voir le *Cosmos*, t. Iᵉʳ, p. 206 à 208: *Œuvres* d'Arago, tome IV, p. 462).

On a donné le nom de *parallèles magnétiques* aux courbes tracées à la surface de la Terre dans des directions constamment perpendiculaires aux méridiens magnétiques. On peut voir sur la carte que ces courbes forment des ovales qui se distinguent très-nettement des parallèles terrestres.

En poursuivant cette comparaison avec les parallèles terrestres, on serait conduit à s'occuper de la ligne qui relierait les milieux de tous les méridiens magnétiques : c'est cette ligne que M. Duperrey a nommée *équateur magnétique pour la déclinaison* : la carte montre qu'elle ne se confond ni avec l'équateur terrestre ni avec l'équateur magnétique proprement dit.

On appelle *latitude magnétique* d'un lieu l'amplitude de l'arc du méridien magnétique compris entre ce lieu et l'équateur magnétique.

L'intensité magnétique croît en général depuis l'équateur magnétique jusque vers les pôles, c'est-à-dire à mesure que la latitude magnétique augmente. Les diverses théories du magnétisme terrestre semblent s'accorder pour établir que l'intensité magnétique des pôles doit être double de celle de l'équateur. D'après ces théories l'intensité sur les divers parallèles magnétiques serait répartie ainsi que le montrent les nombres 1.0, 1.1, 1.2..., 1.9 placés sur la carte.

PROJECTION STÉRÉOGRAPHIQUE POLAIRE DES DEUX HÉMISPHÈRES TERRESTRES
OCÉANIE
AMÉRIQUE
AFRIQUE
AMÉRIQUE DU SUD
AFRIQUE
Golfe de Guinée
Gravée par S. Jacobs et Ad. Dalesme

PLANISPHÈRE TERRESTRE SUIVANT LA PROJECTION DE MERCATOR

MÉRIDIENS ET PARALLÈLES MAGNÉTIQUES

Les méridiens et les parallèles magnétiques définis par Arago (*Œuvres*, t. IV: *Notices scientifiques*, t. 1er, p. 478) ont été tracés sur la carte qui représente le planisphère terrestre suivant la projection de Mercator, en se rapprochant autant que possible des belles cartes données par M. Duperrey et qui se rapportent à l'année 1825, très-convenablement choisie pour fixer l'état magnétique général du globe au moment où, pour nos climats, l'aiguille horizontale avait à peu près atteint sa déviation occidentale maximum.

Au moyen de cette carte on peut facilement trouver, pour un lieu quelconque, la déclinaison magnétique, en y mesurant directement l'angle du méridien terrestre et du méridien magnétique de ce lieu, et par conséquent rien n'est plus facile que de faire toutes les comparaisons possibles entre les déclinaisons des différents lieux. Néanmoins, pour épargner au lecteur le soin de ces mesures sur la carte, nous placerons ici un tableau donnant toutes les déclinaisons de 10 en 10 degrés de latitude et de longitude; nous avons extrait ce tableau de celui composé par M. Pouillet, d'après la carte de M. Duperrey, et qu'on trouve dans les *Éléments de physique expérimentale et de météorologie* de ce savant physicien. M. Pouillet a eu soin de vérifier sur les documents originaux, lorsque cela était possible, les résultats que les mesures et les intercalations graphiques faites sur la carte avaient fournis. Les déclinaisons occidentales sont marquées par le signe +, et les déclinaisons orientales par le signe —.

Les chiffres 1.0, 1.1, 1.2.... 1.9, placés sur les parallèles que montre la carte, indiquent les intensités magnétiques relatives.

La carte présente aussi en ligne ponctuée *l'équateur magnétique réel*, c'est-à-dire la courbe suivant laquelle l'inclinaison de l'aiguille aimantée est nulle, et la courbe que M. Duperrey appelle *l'équateur magnétique pour la déclinaison*, c'est-à-dire qui passe par les points milieux des méridiens magnétiques. (Voir les *Œuvres d'Arago*, t. IV, p. 462.) L'équateur magnétique réel ou expérimental a été étudié d'une manière toute particulière, sur les recommandations expresses d'Arago, par M. Duperrey qui s'est servi pour le tracé de cette courbe, outre ses propres observations, d'un grand nombre de mesures faites par Sabine et de Blosseville.

« D'après les excellents travaux de Duperrey, qui a traversé l'équateur magnétique à six reprises différentes, de 1822 à 1825, dit du Humboldt (*Cosmos*, t. 1er, p. 206), les nœuds des deux équateurs, c'est-à-dire les deux points où *la ligne sans inclinaison* coupe l'équateur terrestre et passe ainsi d'un hémisphère dans l'autre, sont placés d'une manière peu régulière : en 1825, le nœud qui se trouvait près de l'île Saint-Thomas, vers la côte occidentale de l'Afrique, était à 108° ÷ du nœud situé dans la mer du Sud, près des petites îles de Gilbert, à peu près sous le méridien de l'archipel de Viti. Au commencement de ce siècle, j'ai déterminé astronomiquement, à 3,600 mètres au-dessus du niveau de la mer, le point (7° 2' de latitude australe, 71° 8' de longitude occidentale) où la chaîne des Andes est coupée par l'équateur magnétique, entre Quito et Lima. A l'ouest de ce point, l'équateur magnétique traverse presque toute la mer du Sud dans l'hémisphère austral, et se rapproche seulement de l'équateur terrestre. Il passe dans l'hémisphère septentrional un peu en avant de l'archipel indien, touche seulement les extrémités méridionales de l'Asie, et pénètre ensuite dans le continent africain, à l'ouest de Socotora, vers le détroit de Bab-el-Mandeb; c'est alors qu'il s'écarte le plus de l'équateur terrestre. Après avoir traversé les régions inconnues de l'intérieur du continent africain dans la direction sud-ouest, l'équateur magnétique revient dans la zone australe des tropiques, vers le golfe de Guinée; il s'écarte alors tellement de l'équateur terrestre, qu'il va couper la côte brésilienne par 15° de latitude australe, vers Os Ilheos, au nord de Porto-Seguro. De là aux plateaux élevés des Cordillères, où je pus observer l'inclinaison de l'aiguille entre les mines d'argent de Micuipampa et l'ancienne résidence des Incas, Caxamarca, il parcourt toute l'Amérique du Sud, vaste contrée qui, vers ces latitudes, est encore pour nous une *terra incognita* magnétique, de même que l'Afrique centrale. De nouvelles observations, recueillies et discutées par Sabine, nous ont appris que de 1825 à 1837 le nœud de l'île Saint-Thomas s'est déplacé de 4° en avançant de l'orient vers l'occident. Il serait extrêmement important de savoir si l'autre nœud, situé dans la mer du Sud, vers les îles Gilbert, a marché vers l'ouest d'une quantité égale, en se rapprochant du méridien des Carolines. » Ailleurs, de Humboldt dit encore (t. IV du *Cosmos*, p. 122) : « D'après les nombreuses et excellentes déterminations du capitaine Elliot (1836-1839), qui, entre les méridiens de Batavia et de Ceylan, s'accordent d'une manière merveilleuse avec celles de Jules de Blosseville, l'équateur magnétique traverse l'extrémité septentrionale de Bornéo, et courant presque exactement de l'est à l'ouest, touche la pointe nord de Ceylan, par 9° 45 de latitude... Plus loin l'équateur pénètre dans la partie orientale du continent africain, au sud du cap Guardafui. Ce point important a été déterminé avec une grande précision par les calculs de Rochet d'Héricourt, dans son second voyage en Abyssinie (1842-1845)... On retrouve l'équateur magnétique au sud de Gaubade, entre Angolala et Angobar, la ville principale du royaume de Schoa, par 10° 7' de latitude, 38° 51' de longitude orientale. »

TABLEAUX DES DÉCLINAISONS MAGNÉTIQUES

LONGITUDES ORIENTALES

LATITUDE	0°	10°	20°	30°	40°	50°	60°	70°	80°
80°	+ 22 15	+ 21 0	+ 19 0	+ 9 18	[illegible]	[illegible]	[illegible]	[illegible]	[illegible]
70°	+ 23 18	+ 19 0	+ 12 6	+ 4 30	[illegible]	[illegible]	[illegible]	[illegible]	[illegible]
60°	+ 21 21	+ 18 18	+ 12 0	+ 6 48	[illegible]	[illegible]	[illegible]	[illegible]	[illegible]
50°	+ 21 18	+ 18 0	+ 12 42	+ 8 48	[illegible]	[illegible]	[illegible]	[illegible]	[illegible]
40°	+ 29 36	+ 18 0	+ 11 18	+ 10 21	[illegible]	[illegible]	[illegible]	[illegible]	[illegible]
30°	+ 19 6	+ 16 0	+ 13 18	+ 11 6	[illegible]	[illegible]	[illegible]	[illegible]	[illegible]
20°	+ 19 18	+ 16 30	+ 11 12	+ 11 48	[illegible]	[illegible]	[illegible]	[illegible]	[illegible]
10°	+ 19 18	+ 17 42	+ 13 12	+ 12 6	[illegible]	[illegible]	[illegible]	[illegible]	[illegible]
0°	+ 19 18	+ 17 30	+ 16 30	+ 13 12	[illegible]	[illegible]	[illegible]	[illegible]	[illegible]
10°	+ 19 30	+ 19 51	+ 19 21	+ 17 6	[illegible]	[illegible]	[illegible]	[illegible]	[illegible]
20°	+ 18 48	+ 22 18	+ 22 30	+ 21 42	[illegible]	[illegible]	[illegible]	[illegible]	[illegible]
30°	+ 19 12	+ 23 0	+ 24 48	+ 25 18	[illegible]	[illegible]	[illegible]	[illegible]	[illegible]
40°	+ 17 0	+ 22 30	+ 25 48	+ 27 48	[illegible]	[illegible]	[illegible]	[illegible]	[illegible]
50°	+ 15 18	+ 21 18	+ 26 18	+ 23 48	[illegible]	[illegible]	[illegible]	[illegible]	[illegible]
60°	+ 15 18	+ 23 6	+ 21 0	+ 22 0	[illegible]	[illegible]	[illegible]	[illegible]	[illegible]
70°	- 2 12	+ 18 48	+ 21 30	+ 28 37	[illegible]	[illegible]	[illegible]	[illegible]	[illegible]

LONGITUDES ORIENTALES

LATITUDE	90°	100°	110°	120°	130°	140°	150°	160°	170°	180°
80°	[illegible]	[illegible]	[illegible]	[illegible]	[illegible]	[illegible]	[illegible]	[illegible]	[illegible]	[illegible]
70°	[illegible]	[illegible]	[illegible]	[illegible]	[illegible]	[illegible]	[illegible]	[illegible]	[illegible]	[illegible]
60°	[illegible]	[illegible]	[illegible]	[illegible]	[illegible]	[illegible]	[illegible]	[illegible]	[illegible]	[illegible]
50°	[illegible]	[illegible]	[illegible]	[illegible]	[illegible]	[illegible]	[illegible]	[illegible]	[illegible]	[illegible]
40°	[illegible]	[illegible]	[illegible]	[illegible]	[illegible]	[illegible]	[illegible]	[illegible]	[illegible]	[illegible]
30°	[illegible]	[illegible]	[illegible]	[illegible]	[illegible]	[illegible]	[illegible]	[illegible]	[illegible]	[illegible]
20°	[illegible]	[illegible]	[illegible]	[illegible]	[illegible]	[illegible]	[illegible]	[illegible]	[illegible]	[illegible]
10°	[illegible]	[illegible]	[illegible]	[illegible]	[illegible]	[illegible]	[illegible]	[illegible]	[illegible]	[illegible]
0°	[illegible]	[illegible]	[illegible]	[illegible]	[illegible]	[illegible]	[illegible]	[illegible]	[illegible]	[illegible]
10°	[illegible]	[illegible]	[illegible]	[illegible]	[illegible]	[illegible]	[illegible]	[illegible]	[illegible]	[illegible]
20°	[illegible]	[illegible]	[illegible]	[illegible]	[illegible]	[illegible]	[illegible]	[illegible]	[illegible]	[illegible]
30°	[illegible]	[illegible]	[illegible]	[illegible]	[illegible]	[illegible]	[illegible]	[illegible]	[illegible]	[illegible]
40°	[illegible]	[illegible]	[illegible]	[illegible]	[illegible]	[illegible]	[illegible]	[illegible]	[illegible]	[illegible]
50°	[illegible]	[illegible]	[illegible]	[illegible]	[illegible]	[illegible]	[illegible]	[illegible]	[illegible]	[illegible]
60°	[illegible]	[illegible]	[illegible]	[illegible]	[illegible]	[illegible]	[illegible]	[illegible]	[illegible]	[illegible]
70°	[illegible]	[illegible]	[illegible]	[illegible]	[illegible]	[illegible]	[illegible]	[illegible]	[illegible]	[illegible]

Pôle à la Longitude de 133°

TABLEAUX DES DÉCLINAISONS MAGNÉTIQUES

LONGITUDES OCCIDENTALES

LATITUDE	10°	20°	30°	40°	50°	60°	70°	80°	90°
80°	[illegible]	[illegible]	[illegible]	[illegible]	[illegible]	[illegible]	[illegible]	[illegible]	[illegible]
70°	[illegible]	[illegible]	[illegible]	[illegible]	[illegible]	[illegible]	[illegible]	[illegible]	[illegible]
60°	[illegible]	[illegible]	[illegible]	[illegible]	[illegible]	[illegible]	[illegible]	[illegible]	[illegible]
50°	[illegible]	[illegible]	[illegible]	[illegible]	[illegible]	[illegible]	[illegible]	[illegible]	[illegible]
40°	[illegible]	[illegible]	[illegible]	[illegible]	[illegible]	[illegible]	[illegible]	[illegible]	[illegible]
30°	[illegible]	[illegible]	[illegible]	[illegible]	[illegible]	[illegible]	[illegible]	[illegible]	[illegible]
20°	[illegible]	[illegible]	[illegible]	[illegible]	[illegible]	[illegible]	[illegible]	[illegible]	[illegible]
10°	[illegible]	[illegible]	[illegible]	[illegible]	[illegible]	[illegible]	[illegible]	[illegible]	[illegible]
0°	[illegible]	[illegible]	[illegible]	[illegible]	[illegible]	[illegible]	[illegible]	[illegible]	[illegible]
10°	[illegible]	[illegible]	[illegible]	[illegible]	[illegible]	[illegible]	[illegible]	[illegible]	[illegible]
20°	[illegible]	[illegible]	[illegible]	[illegible]	[illegible]	[illegible]	[illegible]	[illegible]	[illegible]
30°	[illegible]	[illegible]	[illegible]	[illegible]	[illegible]	[illegible]	[illegible]	[illegible]	[illegible]
40°	[illegible]	[illegible]	[illegible]	[illegible]	[illegible]	[illegible]	[illegible]	[illegible]	[illegible]
50°	[illegible]	[illegible]	[illegible]	[illegible]	[illegible]	[illegible]	[illegible]	[illegible]	[illegible]
60°	[illegible]	[illegible]	[illegible]	[illegible]	[illegible]	[illegible]	[illegible]	[illegible]	[illegible]
70°	[illegible]	[illegible]	[illegible]	[illegible]	[illegible]	[illegible]	[illegible]	[illegible]	[illegible]

LONGITUDES OCCIDENTALES

LATITUDE	100°	110°	120°	130°	140°	150°	160°	170°
80°	[illegible]	[illegible]	[illegible]	[illegible]	[illegible]	[illegible]	[illegible]	[illegible]
70°	[illegible]	[illegible]	[illegible]	[illegible]	[illegible]	[illegible]	[illegible]	[illegible]
60°	[illegible]	[illegible]	[illegible]	[illegible]	[illegible]	[illegible]	[illegible]	[illegible]
50°	[illegible]	[illegible]	[illegible]	[illegible]	[illegible]	[illegible]	[illegible]	[illegible]
40°	[illegible]	[illegible]	[illegible]	[illegible]	[illegible]	[illegible]	[illegible]	[illegible]
30°	[illegible]	[illegible]	[illegible]	[illegible]	[illegible]	[illegible]	[illegible]	[illegible]
20°	[illegible]	[illegible]	[illegible]	[illegible]	[illegible]	[illegible]	[illegible]	[illegible]
10°	[illegible]	[illegible]	[illegible]	[illegible]	[illegible]	[illegible]	[illegible]	[illegible]
0°	[illegible]	[illegible]	[illegible]	[illegible]	[illegible]	[illegible]	[illegible]	[illegible]
10°	[illegible]	[illegible]	[illegible]	[illegible]	[illegible]	[illegible]	[illegible]	[illegible]
20°	[illegible]	[illegible]	[illegible]	[illegible]	[illegible]	[illegible]	[illegible]	[illegible]
30°	[illegible]	[illegible]	[illegible]	[illegible]	[illegible]	[illegible]	[illegible]	[illegible]
40°	[illegible]	[illegible]	[illegible]	[illegible]	[illegible]	[illegible]	[illegible]	[illegible]
50°	[illegible]	[illegible]	[illegible]	[illegible]	[illegible]	[illegible]	[illegible]	[illegible]
60°	[illegible]	[illegible]	[illegible]	[illegible]	[illegible]	[illegible]	[illegible]	[illegible]
70°	[illegible]	[illegible]	[illegible]	[illegible]	[illegible]	[illegible]	[illegible]	[illegible]

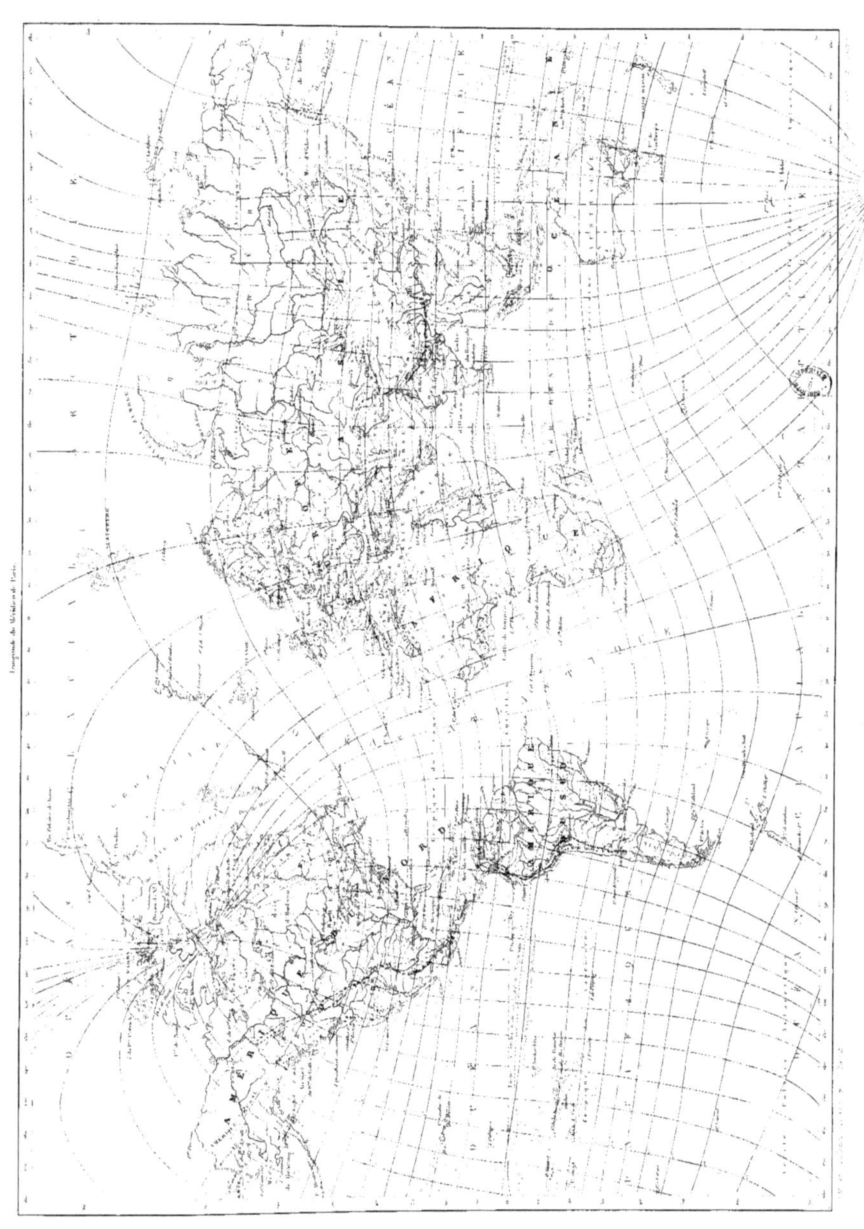

ACTIVITÉ VOLCANIQUE DU GLOBE TERRESTRE

Humboldt a consacré à l'étude de l'activité volcanique du globe terrestre plus des trois quarts du tome IV du *Cosmos*; et ce vaste traité n'est considéré par lui que comme le développement du magnifique tableau qu'il avait tracé dans le tome premier de son grand ouvrage pour donner la conception de la réaction que l'intérieur d'une planète exerce contre ses couches extérieures. « Une seule cause, dit-il, l'augmentation graduelle de la chaleur terrestre rend compte des trois sortes de phénomènes par lesquels se manifeste le volcanisme terrestre, c'est-à-dire les tremblements de terre, les sources thermales et les émissions de gaz acide carbonique, de vapeurs sulfureuses et de boues (salses), enfin les éruptions des montagnes qui vomissent des matières incandescentes ou volcans proprement dits. » Il a paru utile, afin que le lecteur pût suivre facilement tous les détails dans lesquels entre l'illustre physicien, d'indiquer sur une carte les principaux volcans dont il parle.

Arago a aussi consacré à la description des volcans actuellement actifs, un long chapitre de son *Astronomie populaire* (tome III, pages 135 à 161), pour les lecteurs duquel cette carte sera également utile.

Comme de Humboldt, on a divisé les volcans indiqués sur la carte en trois classes : 1° les volcans dont l'activité est antérieure aux temps historiques; 2° les volcans historiques ou dont l'histoire rapporte des éruptions d'une date ancienne; 3° enfin les volcans actuellement actifs, c'est-à-dire qui ont présenté des phénomènes d'éruption soit dans ce siècle, soit dans le siècle dernier.

Quand on jette un coup d'œil sur la carte et qu'on ne considère que les classes les plus importantes renfermant les volcans les plus rapprochés les uns des autres, on trouve quelques groupes de systèmes volcaniques très caractérisés.

Dans le nouveau monde d'abord, il y a cinq système très-tranchés : ce sont ceux du Mexique, de l'Amérique centrale, de la Nouvelle-Grenade et de Quito, du Pérou et de la Bolivie, et enfin du Chili. « Ces cinq groupes, dit de Humboldt (*Cosmos*, t. IV, p. 315), donnent un total de 91 volcans, dont 56 appartiennent au continent de l'Amérique méridionale. Je comprends, sous la dénomination de volcans, outre ceux qui sont encore enflammés, les échafaudages dont les éruptions appartiennent aux temps historiques, ou dont la structure et les masses éruptives (j'entends les cratères de soulèvement et d'éjection), les laves, les scories, les ponces et les obsidiennes les désignent, par-delà toute tradition, comme des volcans depuis longtemps éteints. Les cônes et les dômes de trachyte sans ouverture, ou les longues croupes de trachyte également fermées, ne rentrent pas dans cette catégorie. C'est là le sens que Léopold de Buch, Charles Darwin et Frédéric Naumann ont donné au mot volcan, dans leurs énumérations géographiques. J'appelle des volcans enflammés ceux qui, considérés de très-près, portent encore, à des degrés divers, des signes d'activité, et dont une partie a donné passage, dans des temps rapprochés de nous, à des éruptions constatées historiquement. »

Dans l'ancien monde, il se présente aussi quelques groupes très-distincts ; d'abord en Europe celui du bassin de la Méditerranée; puis celui de l'Islande, ensuite en Asie, les cinq groupes des grandes et petites îles de la Sonde, des Moluques et des Philippines, des archipels du Japon, des Kouriles, et enfin des îles Aléoutiennes.

Arago n'a compté que 475 volcans actifs (*Astronomie populaire*, t. III, p. 470). Humboldt, après une étude nouvelle, a porté ce nombre à 225, et il a compté en tout 407 volcans historiques tant éteints qu'encore enflammés. Il peut être utile de récapituler ici tous les groupes cités par Humboldt; nous marquerons d'un astérisque les volcans qu'il donne comme encore en activité :

I. *Europe.* 7 volcans, dont 4 en activité : l'Etna*, le Volcan des îles Lipari, le Stromboli*, le volcan d'Ischia*, le Vésuve*, le volcan de l'île Santorin, le volcan de l'île de Lemnos.

II. *Îles de l'Océan Atlantique.* 15 volcans dont 8 en activité : l'Esk* (île de Jean de Mayen); l'Œræfa*, l'Hécla*, le Rauda-Kamba* (volcans de l'Islande); le Pico* (Açores); le Pic de Ténériffe* (île des Canaries); le Fogo* (île du Cap-Vert); Green-Mountain (île de l'Ascension); la Sainte-Hélène; île de Tristan de Cunha; le Krusen-teros Volcano*; l'île Thompson, l'île Bridgman, et l'île de la Déception (des îles Shetland).

III. *Afrique.* trois volcans, dont 4 actif : le Mongo-ma Leba*; un volcan près des côtes de Mombas par 1°,20 de latitude méridionale, le Koldghi dans le Kordofan.

IV. *Asie continentale*, 25 volcans, dont 15 actifs: le Demavend*; le Medina*; le Djebel-el-Tir; le Pe-Schan*; le Tourfan*; l'Elbrouz; l'Ararat; le Kasbegk; le Savalan; le Bish-Balikh*; Shagdagh*; puis les volcans de la presqu'île de Kamtschatka : l'Opalinsk*, la Haïoutka-Sopka; un volcan sans nom; la Poworotnaja-Sopka; l'Awatschinskaja-Sopka; le Wiljontschinsker*; l'Awatschinskaja*; la Korjatskaja; la Yupanowa-Sopka*; la Kronotskaja-Sopka; le Schiwelutsch*; la Tolbastschinkaja-Sopka*; l'Uschinskaja-Sopka*; la Kliutchewskaja-Sopka*.

V. *Îles de l'Asie orientale*, 69 volcans dont 54 actifs : d'abord 34 volcans dans les îles Aléoutiennes, savoir : l'Ounimak*, l'Ounalaschka* et Oumnak (îles des Renards); les îles Rats; les îles Blynie; trois volcans fameux d'Atcha*; le Tanaga*; l'Attou; l'Agaschagokh*; le Matouschkin; l'Ouroup*; — volcans dans les îles Kouriles, savoir : le volcan de l'île Alaid*, celui de l'île Matoua*; l'Ouroup*; l'Itoroup*, et Koumachir*, etc. — Dix-sept dans l'île Jezo et son voisinage, savoir : le Pic de Langres*; le Kiaka*; le Kajo-Hori; le Manye, etc. — Huit volcans dans les îles Kiou-Siou et Niphon, savoir : Mitake; le Kiori-Sima; l'Aso-Jama*, le Wunzen*; le Fousi-Jama*; l'Osama-Jama*; l'Iwo-Sima*; l'Oho-Sima*.

VI. *Îles de l'Asie méridionale.* 120 volcans dont 56 actifs, savoir : 4 dans l'île Formose, parmi lesquels le Tschy-Kang* ou montagne rouge; le Taal et l'Albay, dans l'île Luzon; le Gunung-Api, dans l'île de Bornéo; — 19 volcans dont 5 actifs dans l'île de Sumatra, à savoir : le Gunung-Indrapoura*, le Gunung-Pasaman ou Ophir*, le Gunung-Mérapi, le Gunung-Ipou*, le Gunung-Dempo, etc. — 2 volcans actifs dans l'île Bali : le Gunung-Batour et le Gunung-Agung*; — le Rindjani, dans l'île Lombok, — le Temboro, dans l'île Soumbawa, — 11 volcans actifs dans l'île Célèbes; — six dans l'île de Flores; — le Gunung-Api, dans la petite île Banda; — le Gunung-Gama-Lama, dans l'île Ternate; le pic du Timor; le volcan de Peulou-Batou*; le pic de l'île Sangir; le Wawan ou Ateti, dans l'île d'Amboine; etc... Dans l'île de Java 45 volcans, dont 21 en activité, parmi lesquels le Gunung-Semeru*, le Gunung-Slamat*, le Gunung-Arjuno*, le Gunung-Sumbing*, le Gunung-Lawu, le Gunung-Tengger*, le Gunung-Raun, le Gunung-Pesoudajan*, le Gunung-Tjeurmai*, le Gunung-Idjen*, le Lamongan*, etc.

VII. *Océan indien*, 9 volcans dont 5 actifs, savoir: les volcans de l'île Barren-Island*; le volcan de l'île Narcondam*, de l'île de Chedoula; de l'île Bourbon*; de la plus grande des Îles Comores; de la petite île de Saint-Paul*; de l'île d'Amsterdam*; des îles du prince Édouard et de Possession-Island.

VIII. *Mer du sud.* 40 volcans dont 26 actifs, parmi lesquels : le Mauna-Loa, dans les îles Sandwich; — dans l'île Hawaii, le Mauna-Kea et le Manna-Huala-laï*; — le Tofua* et l'Amargoura*, dans les îles Tonga: — le Tanna* et l'Amboryn*, dans l'archipel des Nouvelles-Hébrides; — le Matthews-Rock*, à l'extrémité méridionale de la Nouvelle-Calédonie; — le Tinakoro*, dans le groupe de Vanikoro; — l'île Volcan*, dans le même archipel de Vanikoro; — l'île Sysarga*, dans le groupe des îles Salomon; — les volcans des îles Gougouan*, Pagen*, Volcano-Grande-d'Asuncion*, dans les îles Mariannes; — à l'extrémité de la Nouvelle-Hollande, au sud des monts Grampian, 2 volcans actifs sur la côte nord-est de la Nouvelle-Guinée; — dans la Nouvelle-Zélande, le Turoto, le Porroma, le Tonga-riro*, le Ruapahon, le Taranaki, le Poutawaki et le volcan de l'île Blanche; — le pic Tafoun, dans l'île Upolu du groupe Samoa; — l'île Tahiti; — les volcans actifs des îles Galapagos, etc., etc.

IX. *Continent américain.* 115 volcans, dont 73 actifs, savoir : 1° dans le groupe du Chili, les volcans Coquimbo, Limari, Chuapri, Aconcagua*, Maypu*, Peteroa*, Chillan, Tucapel, Antuco*, Callaqui, Villarica*, Chinal, Panguipulli*, Ranco, Osorno, Calburco*, Guanabuca, Minchincdum, el Corcovado*, Yanteles, San-Clemente; — 2° dans le système du Pérou et de la Bolivie, les volcans de Chacani, d'Arequipa*, d'Omato, d'Uvinas, de Pichu-Pichu près d'Arequipa, de Viejo, de Tacora ou Chipicani, de Sahama*, de Pomarape, de Parinacota, de Gualatieri*, d'Isluga, de San-Pedro de Atacama et peut-être de Copiapo; — 3° dans le système de la Nouvelle-Grenade et de Quito: le Paramo y volcan de Ruiz*, les volcans de Tolima, Puracé* et Sotara, près de Popayan; le volcan del Rio-Fragua, l'un des affluents du Caqueta; les volcans de Pasto, el Azufral*, le Cumbal*, le Tuquerres*, le Chiles, l'Imbaburu, le Cotocachi, le Rucu-Pichincha, l'Antisana, le Cotopaxi*, le Tunguragua*, le Capac-Urcu, et le Sangay*; — 4° dans le système de l'Amérique centrale: le Turrialva*, l'Irasu*, et Reventado, le volcan Rarba, le Miravalles, le Tenorio, le *Rincon de la Vieja*, le Votos*, l'Orosi*, le Mandeira et l'Ouateper*, le volcan éteint de l'île Zapatera, le volcan de Momotacho, le Ma-aya, le Nindiri, le Momotombo*, et Nuevo, le volcan de Telica*, le volcan el Viejo*, le Guanacaure, le Conseguina*, le volcan de Conchagua ou d'Amatapa, le volcan de San-Miguel-Bosotlan*, le volcan de San-Vicente*, de San-Salvador, d'Izalco*, de Pacaya*, de *Apu*, de *Fuego*, de Quesaltenango*, de Saconusco; — 5° dans le système du Mexique: l'Orizaba, le Popocatepetl*, le Toluca, le Jorulo*, le Colima* et le Tuxla*; — 6° dans la partie nord-ouest de l'Amérique : le volcan de los Virgenes, dans la partie centrale de l'ancienne Californie, le monte del Diablo, le Park-Mountains, le pic de Fremont; le Fischer's-Peak, et el-Cerrito, dans les Raton-Mountains; le Mount-Taylor, le Pueblo de Zuni, le Bill-William-Mountain, les Aquarius-Mountains; le mont Pitt ou M'Laughlin, le mont Jefferson ou Vancouver, le mont Hood, le Soxalaldos, le mont Saint-Hélène*, le mont Adams, le mont Reignier*, le mont Olympus, le mont Baker*, le mont Brown, le mont Edgecombe*, le mont Fairweather, le volcan de Cook's-Inlet*, le mont Elias.

X. *Antilles*, 5 volcans dont 3 actifs, savoir : le volcan de l'île de Saint-Vincent*, le volcan de l'île Sainte-Lucie*; la montagne Pelée et le Vauclin, dans la Martinique; la Soufrière* de la Guadeloupe.

Les listes antérieures des volcans actifs en contenaient les unes trente, les autres cinquante de moins que celle de Humboldt; Verner en comptait 193, César de Leonhard, 187; Arago, 175. Les différences en moins oscillent entre un huitième et un cinquième; elles sont dues aux différences d'appréciations des observateurs. La liste de Humboldt aurait pu être encore plus nombreuse, puisque pour l'Islande il compte seulement deux volcans actifs, tandis qu'Arago en signale jusqu'à huit. Comme quelques volcans depuis longtemps éteints se réveillent tout à coup, il faudra que de bien longs siècles s'écoulent avant que nos neveux puissent conclure, des listes que nous leur transmettons, que l'activité volcanique de la terre s'est ralentie. D'après tous les documents historiques on peut admettre que depuis longtemps cette activité se manifeste à peu près avec la même puissance.

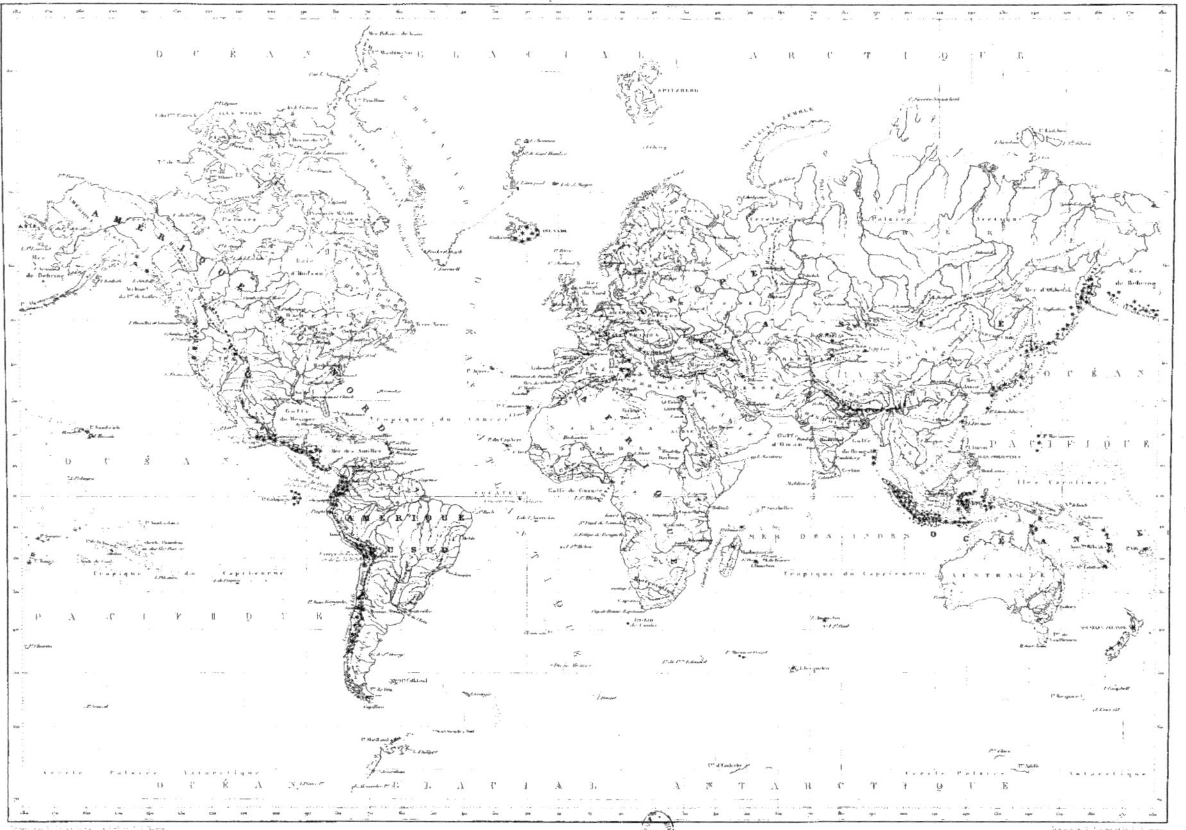

PLANISPHÈRE TERRESTRE SUIVANT LA PROJECTION DE MERCATOR.

PLANISPHÈRE TERRESTRE SUIVANT LA PROJECTION DE MERCATOR

GÉOGRAPHIE BOTANIQUE

DISTRIBUTION PROPORTIONNELLE DES PLANTES

« La géographie des plantes, dit de Humboldt (*Cosmos*, t. I, p. 416), peut être envisagée au point de vue de la variété et du nombre relatif des formes typiques; elle recherche alors le mode de distribution dans l'espace des genres et des espèces. » Plus loin, l'illustre savant ajoute : « Pour que la géographie des plantes prît rang parmi les sciences, il fallait que la doctrine de la distribution géographique de la chaleur fût fondée et qu'elle pût être rapprochée de celle des végétaux; il fallait encore qu'une classification par *familles naturelles* permît de distinguer les formes qui se multiplient, de celles qui deviennent plus rares, à mesure que l'on avance de l'équateur vers les pôles, et de fixer les rapports numériques que chaque famille présente, dans chaque contrée, avec la masse entière des phanérogames de la même région. Je compte au nombre des circonstances les plus heureuses de ma vie, qu'à l'époque où mes vues étaient spécialement tournées vers la botanique, mes recherches aient pu embrasser en même temps les éléments essentiels d'une nouvelle science, et qu'elles aient été si puissamment favorisées par l'aspect d'une nature grandiose où tous les contrastes climatologiques se trouvent réunis. »

Alexandre de Humboldt a été le premier fondateur de la géographie botanique scientifique, c'est-à-dire de celle qui a cherché à mesurer et à peser l'importance relative des diverses familles des plantes suivant les lieux et les climats. Depuis ses travaux qui ont fait époque au commencement de ce siècle, sont venus ceux de de Candolle et Robert Brown, et enfin de M. Alphonse de Candolle. Ce dernier a pu davantage préciser et il a apporté une telle lumière sur le sujet, qu'on peut aujourd'hui figurer facilement les principaux traits de la distribution des plantes sur notre planète.

Écrire des rapports numériques sur différentes places d'un planisphère, comme on l'a fait dans la plupart des atlas, n'a rien de bien instructif; cela n'apprend rien de plus que des tableaux et ne figure rien aux yeux. Aussi avons-nous cherché un mode de représentation graphique qui fût plus significatif, et nous avons pensé que si l'on représentait par des cercles la masse des phanérogames de chaque contrée, on aurait immédiatement sous les yeux une idée de cette masse par la grandeur des cercles dont les rayons seraient proportionnels aux nombres des espèces comptées dans chaque pays.

Il est évident que plus une contrée a d'étendue, plus aussi on doit trouver d'espèces de plantes différentes. On ne peut donc faire de comparaison échappant autant que possible à tout reproche d'erreur, qu'en considérant des flores également bien étudiées et portant sur des pays ayant à peu près des surfaces qui ne soient pas trop différentes.

Le nombre total des espèces phanérogames actuellement connues sur toute la terre est d'environ 81,000, sur lesquelles on compte 67,000 dicotylédones et 14,000 monocotylédones, ce qui fait à peu près 83 dicotylédones et 47 monocotylédones sur 100 phanérogames. Mais la proportion change avec la latitude et la nature du climat.

Pour qu'on aperçoive immédiatement la double variation des phanérogames totales qui existent sur les diverses parties du globe et de la proportion respective des dicotylédones et des monocotylédones, nous avons comparé, d'après M. Alphonse de Candolle (*Géographie botanique*, p. 1178), des pays ayant de 7,000 à 12,000 lieues carrées de 25 au degré; c'est une étendue suffisante pour qu'on échappe à des circonstances trop locales. Nous avons ensuite décrit des cercles dont les rayons ont autant de millimètres qu'on a compté d'espèces de phanérogames, et enfin nous avons divisé la surface des cercles, supposée égale à 100, en deux secteurs qui représentent le tant pour 100 qui appartient aux dicotylédones et aux monocotylédones. Les secteurs ombrés figurent la proportion des monocotylédones.

Les flores qu'il nous a paru le plus convenable de comparer pour permettre de voir la loi de la distribution des plantes sur la carte du planisphère terrestre, suivant la projection de Mercator, sont celles des pays suivants, à côté des noms desquels nous inscrivons les chiffres qui ont servi à faire les tracés graphiques :

	Plantes phanérogames présentées	Dicotylédones présentes	Monocotylédones présentes	Sur 100 phanérogames	
				Dicotylédones	Monocotylédones
Laponie	496	310	136	68.6	31.4
Grande-Bretagne	1,517	1,158	370	76.1	24.6
Podolie, Volhynie, Kiow et Bessarabie	1,769	1,322	277	82.7	17.3
Géorgie et Caroline du Sud	2,158	1,698	390	77.5	21.5
Egypte	813	671	177	79.4	20.6
Province de Bahia (Brésil)	2,801	2,455	339	88.0	12.0
Cap	6,795	5,099	1,586	75.9	24.1
Nouvelle-Zélande	730	527	204	72.9	27.8

En comparant d'une part la grande étendue des cercles qui représentent la masse des plantes phanérogames reconnues au Brésil et à la colonie du Cap, aux petites étendues que les cercles offrent en Égypte, en Laponie, à la Nouvelle-Zélande, et en voyant aussi l'étendue moyenne des cercles pour les contrées tempérées du nouveau et de l'ancien monde; d'autre part, en comparant aussi les secteurs des monocotylédones, on voit se peindre graphiquement ces deux lois, vérifiées par M. A. de Candolle pour toutes les autres séries de flores comparables pour l'étendue des pays explorés : 1° la proportion des dicotylédones augmente et celle des monocotylédones diminue à mesure qu'on se rapproche des tropiques; 2° avec une température égale, les pays humides offrent une proportion de monocotylédones plus forte et de dicotylédones plus faible; les pays secs, au contraire, présentent une proportion de dicotylédones plus forte et de monocotylédones plus faible.

Nous avons encore cherché à représenter graphiquement l'importance relative des trois familles principales, Légumineuses, Composées et Graminées, dans les pays considérés, et pour cela nous avons tracé, à partir des rayons horizontaux tirés de gauche vers la droite, et en s'élevant de droite vers la gauche, des secteurs dont les arcs sont proportionnels aux fractions que ces trois familles occupent parmi les phanérogames représentées par les circonférences entières. Les nombres proportionnels sont les suivants :

Contrées	Latitude	Sur 100 phanérogames		
		Légumineuses	Composées	Graminées
Laponie	68-70° N	2.0	8.0	10.0
Grande-Bretagne	51-57	1.5	9.5	8.5
Podolie, Volhynie, Kiow et Bessarabie	47-55	8.0	14.0	7.0
Géorgie et Caroline du Sud	31-45	3.5	16.5	8.5
Egypte	21-32	9.5	11.0	12.0
Province de Bahia	14-15° S	11.0	5.0	2.5
Cap	29-34	7.5	17.0	1.5
Nouvelle-Zélande	35-47	1.0	19.5	7.0

Les Légumineuses augmentent en proportion à mesure qu'il fait plus chaud; les Composées exigent en même temps que de la chaleur beaucoup d'humidité; les Graminées redoutent beaucoup moins le froid que la sécheresse.

PLANISPHÈRE TERRESTRE SUIVANT LA PROJECTION DE MERCATOR

Longitude du Méridien de Paris

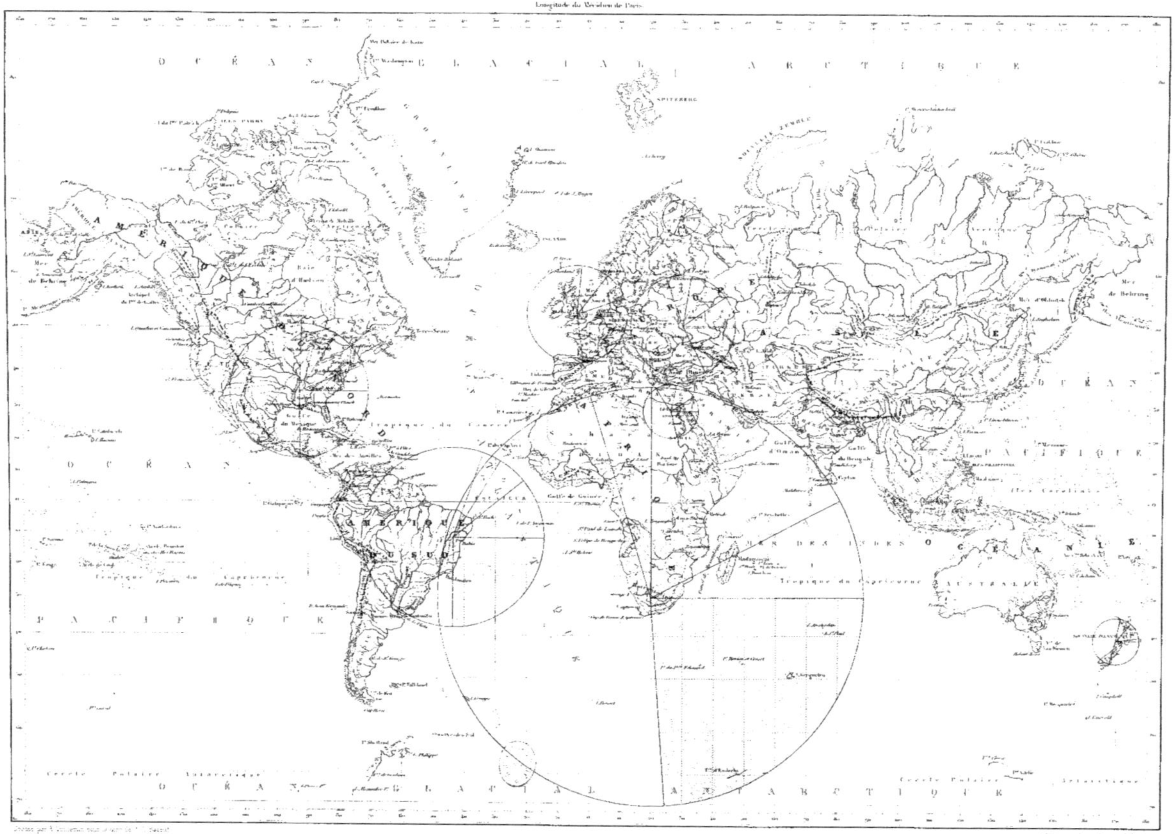

Les cercles sont décrits avec des rayons proportionnels aux espèces phanérogames reconnues dans chaque pays.
Les secteurs ombrés représentent les monocotylédones, les autres parties des cercles les dicotylédones.
Les secteurs au dessus des parties ombrées et en remontant représentent — 1 la proportion des légumineuses, 2 celle des composées, 3 celle des graminées pour 100 phanérogames. Tout le reste des cercles représente l'ensemble des autres phanérogames.

CARTE PHYSIQUE DE L'EUROPE

GÉOGRAPHIE AGRICOLE

De Humboldt est le fondateur de la géographie des plantes, science nouvelle qui n'a pu être constituée que lorsque l'on eut fait assez d'observations pour avoir des idées exactes sur la distribution de la chaleur à la surface de la terre. Il revendique lui-même en ces termes, dans le *Cosmos* (t. Ier, p. 418), l'honneur de la création de cette science.

« L'idée, dit-il, d'une distribution régulière des formes végétales, dut naturellement se présenter aux premiers voyageurs qui purent parcourir rapidement de vastes régions et gravir les montagnes où les climats se trouvent superposés comme par étages. Tels furent, en effet, les premiers essais d'une science dont le nom même était encore à créer. Les zones ou régions végétales que le cardinal Bembo avait distinguées dans sa jeunesse sur les flancs de l'Etna, Tournefort les retrouva sur le mont Ararat. Plus tard, Tournefort compara la flore des Alpes avec celle des plaines placées sous différentes latitudes; il montra comment la distribution des végétaux est réglée par la hauteur du sol au-dessus du niveau de la mer, ou par la distance au pôle, quand il s'agit des plaines. Menzel, dans une flore inédite du Japon, émet par hasard le nom de géographie des plantes. Le même nom se retrouve encore dans les *Études de la nature*, de Bernardin de Saint-Pierre, œuvre d'imagination, il est vrai, mais d'une imagination vive et brillante. C'était trop peu. Pour que la géographie des plantes prît rang parmi les sciences, il fallait que la doctrine de la distribution géographique de la chaleur fût fondée et qu'elle pût être rapprochée de celle des végétaux; il fallait encore qu'une classification par *familles naturelles* permît de distinguer les formes qui se multiplient, de celles qui deviennent plus rares, à mesure que l'on avance de l'équateur vers les pôles, et de fixer les rapports numériques que chaque famille présente dans chaque contrée, avec la masse entière des phanérogames de la même région. Je compte au nombre des circonstances les plus heureuses de ma vie, qu'à l'époque où mes vues étaient spécialement tournées vers la botanique, mes recherches aient pu embrasser en même temps les éléments essentiels d'une nouvelle science, et qu'elles aient été si puissamment favorisées par l'aspect d'une nature grandiose, où tous les contrastes climatologiques se trouvent réunis. »

Ce n'est que dans les premières années du XIXe siècle que, les voyages scientifiques s'étant multipliés et la connaissance des climats s'étant perfectionnée, la classification des végétaux se fit d'après leurs rapports véritables. On put alors examiner la distribution des plantes dans les différentes régions du globe. Trois hommes surtout contribuèrent à ce résultat : de Humboldt, de Candolle et Robert Brown. Dans son beau traité de *Géographie botanique raisonnée*, M. Alphonse de Candolle définit en ces termes leurs rôles respectifs : « M. de Humboldt, dit-il, se montra surtout géographe et physicien ; de plus, grâce à une combinaison de facultés extrêmement rare, il sut peindre, en véritable poëte, la belle végétation des pays équatoriaux. De Candolle s'attacha aux plantes d'Europe et aux rapports qui existent entre l'agriculture, la botanique et les relations extérieures. Enfin, Robert Brown, partant également de réflexions profondes sur la méthode naturelle, qu'il appliquait le premier aux formes bizarres de l'Australie, fixa son attention sur la distribution des familles, et sur les proportions relatives de leurs espèces dans les régions différentes »

La géographie des plantes peut être envisagée au point de vue de la variété et du nombre relatif des formes typiques, et alors elle recherche la distribution des genres et des espèces dans l'espace. Elle peut encore être étudiée sous le rapport du nombre des individus dont chaque espèce se compose sur une surface donnée, et alors apparaît ce que de Humboldt appelle la vie isolée et la vie sociale des plantes.

La vie isolée des plantes montre qu'elles ne trouvent que très-juste dans les lieux où elles existent les circonstances nécessaires à leur reproduction.

Les plantes ont une vie sociale lorsqu'elles couvrent uniformément de grandes étendues. La main de l'homme intervient, dans ce dernier cas, par l'agriculture, pour modifier l'aspect naturel des contrées, en faisant prédominer les espèces utiles. Mais ces espèces ne peuvent prospérer en grande culture que si les conditions climatériques de leur existence sont complétement remplies pendant les diverses phases de la végétation, sous le rapport de la température, comme sous celui de la quantité d'humidité, du besoin d'insolation, de la résistance aux grands vents. Les limites agricoles peuvent donc être un peu différentes des limites purement botaniques.

Dans la carte ci-jointe, on a tracé les lignes qui représentent les limites polaires des principaux végétaux cultivés en Europe. Au-dessus de ces lignes, aucune des cultures qui réussissent dans les régions plus rapprochées de l'équateur terrestre ou de la zone torride ne peut plus prospérer.

Ainsi, la ligne-limite du dattier exclut la possibilité de la récolte des dattes pour toute localité placée à une latitude plus septentrionale; la ligne-limite de l'oranger, puis les lignes de l'olivier, du maïs, de la vigne, du châtaignier, des arbres fruitiers à noyaux et à pepins, du froment, excluent la récolte en grand de l'orange, de l'olive, du maïs, du raisin, des châtaignes, des prunes, des poires et des pommes, du blé, pour les régions plus boréales.

L'orge est la plante destinée à l'alimentation de l'homme, qui peut croître le plus près du pôle nord; on la récolte même dans des régions où croît le bouleau, la plus septentrionale des espèces ligneuses.

L'influence du climat maritime tempéré de toutes les côtes occidentales de l'Europe se fait, comme on peut le voir sur la carte, remarquablement sentir, en relevant généralement vers le nord toutes les courbes pour les laisser ensuite s'infléchir vers le midi, à partir du 15e ou du 20e méridien.

Quelques végétaux présentent des lignes d'une direction bien régulière, mais il en est d'autres, comme le houx commun (*Ilex aquifolium*), le sapin (*Abies pectinata*), dont les lignes-limites, après une marche régulière de l'Asie vers le centre de l'Europe, se relèvent ou s'abaissent de manière à bien montrer que la température n'agit pas seule parmi les circonstances climatériques pour rendre prospère la culture des végétaux dans un lieu déterminé.

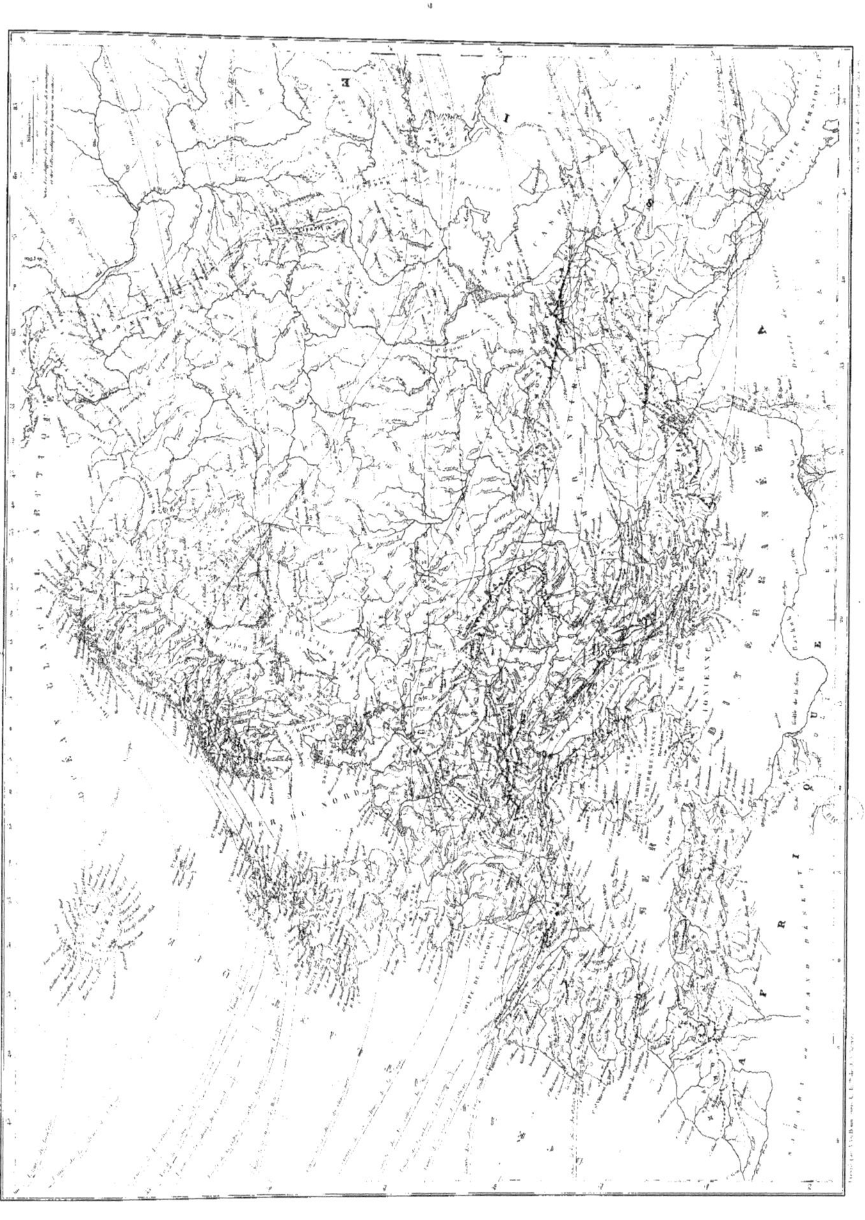

CARTE PHYSIQUE DE L'EUROPE

GÉOGRAPHIE BOTANIQUE. — RICHESSE RELATIVE DES ESPÈCES PHANÉROGAMES

« D'après tout ce que j'ai vu de la terre dans mes voyages, dit Alexandre de Humboldt (*Cosmos*, t. I, p. 420), l'association des espèces végétales, désignées d'ordinaire sous le nom de *Flore*, ne me paraît pas manifester la prédominance de certaines familles, de manière à permettre d'assigner géographiquement la région des ombellifères, la région des solidaginées, celle des labiées ou des scitaminées. Mes vues personnelles diffèrent, sur ce point, de celles de plusieurs de mes amis, botanistes distingués de l'Allemagne. Ce qui caractérise, à mon avis, les flores du plateau du Mexique, de la Nouvelle-Grenade et de Quito, celles de la Russie d'Europe et de l'Asie septentrionale, ce n'est pas la supériorité numérique des espèces dont la réunion constitue une ou deux familles : ce sont les rapports bien autrement complexes qui naissent de la coexistence d'un grand nombre de familles, et de la quantité relative de leurs espèces. Sans doute les graminées et les cypéracées prédominent dans les prairies et dans les steppes, tout comme les arbres à racines pivotantes, les cupulifères et les bétulinées règnent dans nos forêts du Nord. Mais cette prédominance de certaines formes est purement apparente ; c'est une déception produite par l'aspect particulier aux plantes sociales (cultivées). Le nord de l'Europe et la zone sibérienne, situés au nord de l'Altaï, ne méritent pas plus le titre de régions des graminées ou des conifères, que les immenses Llanos (entre l'Orénoque et la chaîne de Caracas) et les forêts de pins du Mexique. C'est par l'association des formes végétales, lesquelles peuvent se remplacer en partie l'une l'autre, c'est par leur importance numérique relative et leur mode de groupement, que la nature végétale revêt à nos yeux le caractère de la variété et de la richesse, ou celui de la pauvreté et de l'uniformité. »

La carte botanique que nous donnons pour l'Europe et pour les parties des autres continents qui en sont les plus proches a pour but de faire précisément connaître cette importance relative des familles en les appréciant d'après le plus ou moins grand nombre des espèces que compte chacune d'elles. En recourant principalement aux tableaux donnés par M. Alphonse de Candolle dans sa *Géographie botanique raisonnée*, et à ceux qui sont contenus dans la 5ᵉ livraison de l'Atlas de Berghaus, nous avons pu réunir pour cette zone, la mieux connue d'ailleurs, 33 groupements calculés sur un module identique, ce qui nous a permis d'employer une représentation graphique, à la fois commode et élégante. Comme il est impossible de dire que dans les 33 régions étudiées, les recherches ont été faites avec la même attention et sur une même étendue de pays : comme, par suite, les nombres absolus d'espèces phanérogames trouvées ne peuvent être comparés pour tant de points différents, d'ailleurs si rapprochés, nous avons pris le parti de représenter par un cercle de même rayon en chaque lieu l'ensemble des phanérogames formant un total de 100 ; mais dans chaque cercle les espèces de chaque famille occupent un secteur dont l'arc est proportionnel à la quantité centésimale d'espèces de cette famille comptées sur toutes les plantes phanérogames observées.

Nous avons classé les familles dans l'ordre suivant : 1, composées ; 2, graminées ; 3, légumineuses ; 4, crucifères ; 5, cypéracées ; 6, ombellifères ; 7, labiées ; 8, caryophyllées ; 9, rosacées ; 10, scrophulariacées ; 11, renonculacées ; 12, orchidées ; 13, amentacées ; 14, borraginées ; 15, euphorbiacées ; 16, saxifragées. Cet ordre a été choisi parce qu'il est celui de l'importance relative des familles dans le centre de la France.

Les secteurs correspondants à ces familles sont tracés dans chaque cercle dans l'ordre précédent en tournant de la droite vers la gauche et en remontant à partir de l'horizontale. Des chiffres rappellent d'ailleurs les noms des familles de telle sorte, qu'on aperçoit tout de suite l'importance du nombre des espèces, et par suite le caractère botanique de chacune des régions comparées.

Les nombres proportionnels des espèces de chaque famille, l'ensemble des phanérogames étant 100, sont les suivants à partir de l'extrême nord, et, pour les mêmes latitudes, en allant de l'ouest à l'est.

Familles	Suède 55° à 57° N.	Saint-Pétersbourg 60° N.	Aberdeen 57° 9' N.	Profondeur de Kazan 55° à 56° 17'	Irlande 53° à 55° N.	Comté de Cambridge 51° à 52° 13' N.
1. Composées	8.5	10	9	14	9	10
2. Graminées	8.5	9.8	10.5	8.5	8	8.5
3. Légumineuses	4	3.2	1.5	1.5	4	5
4. Crucifères	5	4.4	4	4	4	4
5. Cypéracées	8.5	7.9	7	6.5	7	6
6. Ombellifères	2.5	3.5	4	3.8	5	5
7. Labiées	3.1	3.5	3.5	4.5	4	4
8. Caryophyllées	4.5	4.8	4	5.5	4	3.5
9. Rosacées	5	4.1	5	4.5	3.7	5
10. Scrophulariacées	4	3.2	3.1	4	3.3	3
11. Renonculacées	3.6	3.5	2.8	3.3	2.5	2.5
12. Orchidées	2.5	2.5	1.4	1.5	2.3	2.1
13. Amentacées	1	4.1	3	4	2.3	3.5
14. Borraginées	1.5	2	1.9	2.3	1.5	1.6
15. Euphorbiacées	0.6	1.4	3	1.3	1.2	1.4
16. Saxifragées	1	1.2	1.9	1.3	1.5	1.3
Totaux	63.9	69.1	63.9	69.3	67.0	66.1
Autres familles	32.1	39.9	31.1	33.7	33.0	33.6
	100.0	100.0	100.0	100.0	100.0	100.0

Familles	Laponie lat. 69° 60' à 71° 10' N.	Islande 63° 57' N.	Russie entre Arkhangel et l'Oural 61° à Tso.	Ile Feroë 61° 22' à 62° 23' N.
1. Composées	8	6	11	7
2. Graminées	10	11	11	10
3. Légumineuses	3	»	3	1.5
4. Crucifères	5	3	3.5	3
5. Cypéracées	13	11	1.7	9
6. Ombellifères	1.8	»	»	»
7. Labiées	1.5	»	»	2.2
8. Caryophyllées	7	6	7.5	4
9. Rosacées	4	3.5	5.5	1
10. Scrophulariacées	1.3	2	3.2	4
11. Renonculacées	1	3.7	3.5	3
12. Orchidées	3	4	»	2.2
13. Amentacées	4.6	»	6	2.2
14. Borraginées	1.3	»	»	»
15. Euphorbiacées	»	»	»	»
16. Saxifragées	4	3.5	»	2.7
Totaux	71.5	57.7	63.9	59.8
Autres familles	28.5	42.3	37.1	40.2
	100.0	100.0	100.0	100.0

Familles	Lithuanie 54° à 56° N.	Hollande 51° 12' à 52° 13' N.	Berlin 52° 50' N.	Wurtemberg 47° à 49° N.	Steppes entre la mer Caspienne et l'Oural 47° à 52° N.	Morbihan 47° à 48° N.	Centre de la France 46° à 48°	Hongrie 46° à 49° N.	Bessarabie 44° à 47°
1. Composées	9	10.5	10	11	14	9	10	12	13.5
2. Graminées	8	10	9.5	7	6.5	9	8	8	7
3. Légumineuses	7	5	5.3	5	8.5	8	7	6	8.5
4. Crucifères	4	5	4	5	7.5	3	5.5	5	6.5
5. Cypéracées	7	6	6.2	6.5	2.5	2	5	1	2.5
6. Ombellifères	3	3.5	4	1	4	4.5	5	5	2.5
7. Labiées	7	4	4	1	5	2	4	6	6
8. Caryophyllées	3	4	1	3.3	4	5	3	1	5
9. Rosacées	1	3.5	1.5	4.5	3.4	3	1	1	4.5
10. Scrophulariacées	1	3.5	4.5	4	2.6	3	3.5	3.5	2.4
11. Renonculacées	3	4.5	3.3	3.5	3.5	2	3.1	3.3	2.3
12. Orchidées	2.5	3.5	1.6	3.2	1.4	1.8	2.5	1.2	1.3
13. Amentacées	3	2.1	3.7	2.1	2.5	1.5	1.9	2.5	2.5
14. Borraginées	2	1.5	2.1	2	3.3	2	1.2	3.5	3.4
15. Euphorbiacées	1.5	1	1.2	0.8	1.2	1	1.2	2	1.3
16. Saxifragées	1.5	0.5	0.6	0.7	»	»	0.5	»	»
Totaux	69.5	65.1	68.5	67.3	70.0	53.8	66.4	69.1	70.2
Autres familles	30.5	34.9	31.5	32.7	30.0	41.2	33.6	30.9	29.8
	100.0	100.0	100.0	100.0	100.0	100.0	100.0	100.0	100.0

Familles	Montpellier 43° 40' N.	Italie septentrionale 44° à 45° N.	Les Deux-Castilles 41° à 42° N.	Portugal 39° 30' N.	Charente et côte de la mer Caspienne 29° à 39°	Royaume de Naples 39° à 42° 23' N.	Iles Baléares 39° à 40° N.
1. Composées	13	14	13	11	13.5	12	11.5
2. Graminées	9.5	7.5	8.5	8.5	7	8	8.5
3. Légumineuses	11	8.8	9	9.5	8.5	9	11
4. Crucifères	5	3.3	6	4.3	6	5	5
5. Cypéracées	4.3	5	2	4.5	3	4.3	4
6. Ombellifères	4	4.3	3.5	5	5	3.5	1
7. Labiées	4	4.3	5	5	5.5	5	5.5
8. Caryophyllées	3	1.2	4	5	5	1	4
9. Rosacées	2.1	1.2	2.4	2.5	3.3	3	2
10. Scrophulariacées	3	3	4	1	3.3	2.7	2.2
11. Renonculacées	2.3	3.2	2.6	3	2.1	2.7	2.5
12. Orchidées	2	2	1.5	1.5	1.5	2	2
13. Amentacées	2	2.2	2	2	2	1.5	2.5
14. Borraginées	2	1.5	2.1	1.5	2.3	1.7	2.3
15. Euphorbiacées	2.2	1.3	1.7	1.7	1.5	1.5	1.5
16. Saxifragées	0.5	1.3	0.6	0.1	0.1	0.1	0.5
Totaux	68.3	71.9	69.9	67.1	70.0	66.3	65.0
Autres familles	31.7	28.1	30.1	32.6	30.0	33.7	34.0
	100.0	100.0	100.0	100.0	100.0	100.0	100.0

Familles	Sardaigne 39° à 41°	Turquie d'Europe et Bithynie 39° à 43° N.	Sicile 37° 30' N.	Péloponnèse et Cyclades 38° 30' à 38° 30' N.	Royaume de Grenade 36° N.	Algérie 35° à 37° N.	Égypte 24° à 11° 30' N.
1. Composées	11	11.5	11.5	10.5	11.5	11.5	14
2. Graminées	9	7	9.5	6.5	10	9.5	10
3. Légumineuses	11	9	12	10.5	13.5	11.5	9.5
4. Crucifères	5	5	5	5.5	1.5	1.5	5
5. Cypéracées	4.5	1.8	4.5	4.5	1.6	2	3.5
6. Ombellifères	5	5	4.6	1	1.5	5	3.5
7. Labiées	3.5	6	4	5	1.5	5	3.3
8. Caryophyllées	3	3	2.8	5.5	3.5	3	1.7
9. Rosacées	2	3	2	2.1	4	1.8	1
10. Scrophulariacées	3.5	4	2	2.4	7.1	3.5	1
11. Renonculacées	2	3.1	2	2.5	1.8	2	1
12. Orchidées	2.5	1.8	2	2.5	1.5	1.2	»
13. Amentacées	1.5	1.5	1.1	1.5	1.5	1	0.7
14. Borraginées	3.5	2.5	2	2.4	1.9	2	3
15. Euphorbiacées	1.5	1.6	1.7	1.5	1.6	1.5	»
16. Saxifragées	0.2	0.2	0.2	0.1	0.1	0.5	»
Totaux	65.1	63.2	65.2	65.3	67.7	66.1	61.2
Autres familles	33.6	31.8	31.8	31.7	32.3	31.6	38.8
	100.0	100.0	100.0	100.0	100.0	100.0	100.0

On voit très-nettement par les cartes botaniques aussi bien que par les chiffres des tableaux précédents que les espèces légumineuses augmentent en nombre à mesure que la latitude diminue ; un accroissement se fait aussi remarquer dans les composées, tandis qu'une diminution apparaît dans les cypéracées. Le groupement est évidemment différent avec les lieux et les climats, ce qui caractérise une des découvertes de de Humboldt en géographie botanique.

Géographie botanique — Richesse relative en espèces phanérogames

Longitude du Méridien de Paris.

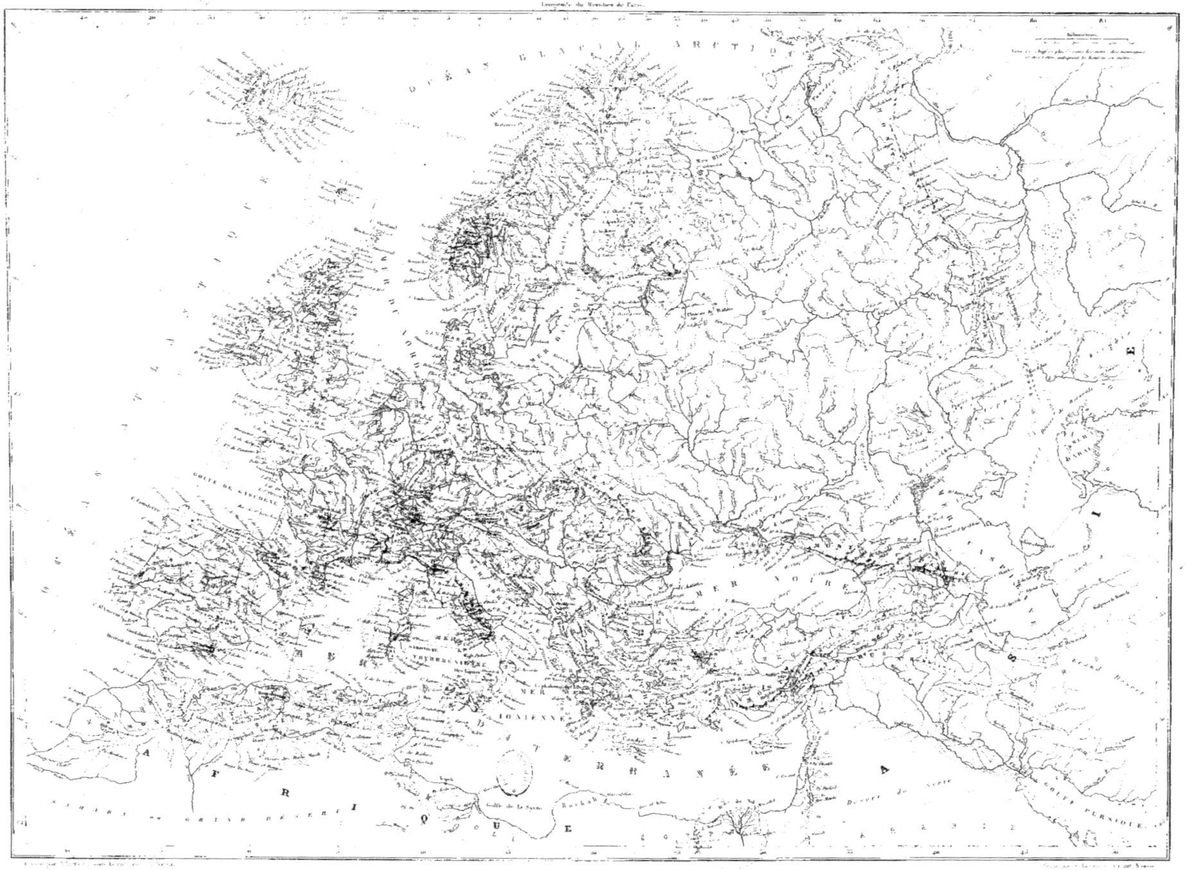

Les arbres qui dans chaque cercle botanique caractérisent les espèces de chaque famille se suivent dans l'ordre suivant :

CARTE PHYSIQUE DE L'EUROPE

GÉOGRAPHIE BOTANIQUE

LIMITES POLAIRES DES PLANTES ANNUELLES, VIVACES ET LIGNEUSES

« S'il est vrai, dit Humboldt (*Cosmos*, t. I, p. 413), que le caractère de chaque contrée dépend à la fois de tous les détails extérieurs; si les contours des montagnes, la physionomie des plantes et des animaux, l'azur du ciel, la figure des nuages, la transparence de l'atmosphère, concourent à produire ce que l'on peut nommer l'impression totale, il faut reconnaître aussi que la nature végétale dont le sol se couvre est la déterminante principale de cette impression. Les formes animales ne sont point aptes à produire les grands effets d'ensemble; d'ailleurs les individus, même en vertu de leur mobilité propre, se dérobent le plus souvent à nos regards. Au contraire, la création végétale frappe l'imagination par l'ampleur de ses formes toujours présentes..... Chaque zone possède le don de nous présenter, sous une face particulière, la diffusion de la vie à la surface du globe. »

C'est par deux modes différents que se montre la variété de la diffusion de la vie végétale : ou bien par la dominance numérique de certaines espèces, ou bien par la disparition absolue de certaines autres. La détermination des limites polaires de l'habitat des plantes, c'est-à-dire des lignes au delà desquelles, en montant vers des latitudes plus élevées, on ne rencontre plus ces plantes à l'air libre, est le meilleur moyen de constater le dernier mode de la manifestation de la vie végétale. Cette partie de la géographie botanique a été particulièrement perfectionnée par M. Alphonse de Candolle, qui a dressé à cette occasion deux planches intéressantes pour accompagner le premier volume de son grand ouvrage. Nous avons cru rendre service en réunissant ces deux planches en une seule, qui permet de mieux apprécier l'ensemble des phénomènes.

« Une température très-basse, dit M. de Candolle, peut agir sur une espèce et limiter une habitation par bien des systèmes différents. Tantôt le mal est produit en hiver par un froid très-intense, ou au printemps par un froid nuisible aux fleurs et aux jeunes pousses, et dans ces divers cas l'effet est direct; tantôt le mal résulte de l'absence de chaleur, et ce sera alors un effet indirect, qui retiendra ou empêchera telle ou telle fonction physiologique. Il y a ainsi une action positive et une action négative des températures trop basses. Bien plus, chacun de ces modes d'action en cache véritablement plusieurs, et voilà ce qui complique singulièrement les phénomènes. Pour en simplifier l'étude, il se présente naturellement à l'esprit de distinguer les plantes annuelles, les plantes vivaces et les plantes ligneuses. »

Le tracé des limites polaires est encore déterminé par une foule d'autres circonstances, telles qu'un climat pluvieux ou sec, les époques des grandes chaleurs ou des grands froids se rapprochant ou s'éloignant de celles de la floraison, de la fructification ou de la maturité. Les plantes annuelles sont influencées par des causes simples, tandis qu'il faut des causes puissantes pour atteindre les plantes ligneuses, tandis que les plantes herbacées diverses résistent même lorsque les arbres succombent, parce qu'elles peuvent être conservées par la neige ou reprendre sous l'action d'un été convenable. La complication de toutes ces influences a porté M. de Candolle à faire une étude très-détaillée de 10 plantes annuelles, de 9 espèces vivaces, 10 espèces ligneuses de petite taille et 3 de haute futaie, en tout 32 plantes dont les limites polaires sont tracées sur notre carte, savoir les plantes annuelles en traits continus, les vivaces en traits coupés, les ligneuses en traits coupés séparés par des points. Les espèces annuelles sont les suivantes :

1. Alyssum calycinum, L.
2. Radiola linoides, Gmel.
3. Saponaria vaccaria, L.
4. Succowia balearica, Medik.
5. Atractylis cancellata, L.
6. Campanula Erinus, L.
7. Sedum Cepaea, L.
8. Mesembryanthemum nodiflorum, L.
9. Lycopsis variegata, L.
10. Hutchinsia petraea, Br.

On peut voir sur la carte que les limites des espèces annuelles ne sont ni parallèles aux degrés de latitude, ni parallèles entre elles; elles se croisent même très-souvent; elles ne coïncident par leur direction avec aucune ligne thermique fondée sur les températures moyennes annuelles ou de certaines saisons; elles ne s'expliquent en partie que par des considérations de sommes de températures prises au-dessus d'un certain degré.

Les espèces vivaces dont les limites polaires ont été tracées sur la carte sont :

11. Aquilegia vulgaris, L.
12. Dianthus carthusianorum, L.
13. Helleborus fœtidus, L.
14. Peganum Harmala, L.
15. Dentaria bulbifera, L.
16. Coris Monspeliensis, L.
17. Trachelium cœruleum, L.
18. Waldsteinia geoides, Willd.
19. Malva moschata, L.

De l'étude attentive à laquelle il s'est livré, M. de Candolle conclut ainsi : « Les résultats auxquels je suis arrivé pour chacune des espèces vivaces considérées isolément, ne présentent rien de clair dans leur ensemble; ils se ressentent évidemment de la multiplicité des causes qui peuvent influer sur cette catégorie de plantes. Quatre espèces : Peganum Harmala, Coris Monspeliensis, Trachelium cœruleum, Waldsteinia geoides, ont des limites polaires qui ne s'expliquent pas au moyen des observations thermométriques et hyétométriques imparfaites dont on dispose dans l'état actuel de la science. Pour trois de ces espèces qui vivent dans la région de la Méditerranée, la distribution et la quantité de la pluie paraissent la cause prédominante.

« L'Aquilegia vulgaris est limité par une somme de température au-dessous de 5° du thermomètre à l'ombre; mais la somme exigée varie suivant l'addition de la lumière, par l'effet des longs jours, au delà du 60e degré de latitude.

« Le Dianthus carthusianorum et le Dentaria bulbifera sont exclus par l'humidité de certaines régions occidentales; l'Helleborus fœtidus et le Malva moschata se trouvent exclus par d'autres causes de l'Europe orientale. Dans les parties de leurs limites où la température paraît influer, la méthode des sommes de chaleur au-dessus d'un certain degré est préférable à celle des moyennes. Enfin, la durée des neiges, et la température qui peut survenir dans chaque localité après leur disparition, paraissent influer sur le Malva moschata, et déterminent probablement certaines anomalies de son habitation. »

Les espèces ligneuses dont les limites polaires sont figurées sur la carte sont les suivantes :

20. Ilex Aquifolium, L.
21. Evonymus Europaeus, L.
22. Daboecia polyfolia, Don.
23. Amygdalus nana, Pall.
24. Chamaerops humilis, L.
25. Fagus sylvatica, L.
26. Rhamnus Frangula, L.
27. Fraxinus excelsior, L.
28. Coronilla Emerus, L.
29. Caragana frutescens, DC.
30. Abies pectinata, DC.
31. Jasminum fruticans, L.
32. Rhododendron ponticum, L.

M. de Candolle conclut ainsi : « Les limites des Evonymus Europaeus, Rhamnus frangula, Chamaerops humilis, sont déterminées par une certaine somme de chaleur, à partir d'un certain degré jusqu'au moment où cesse ce même degré.

« Le Daboecia est arrêté dans son expansion par le froid des hivers.

« Les Ilex Aquifolium, Fagus sylvatica, Fraxinus excelsior, Coronilla Emerus, Abies pectinata, Jasminum fruticans, Rhododendron ponticum, sont arrêtés du côté du nord-est ou de l'est de l'Europe par les froids excessifs de l'hiver, et aussi, dans la plupart des cas, par la sécheresse trop grande de l'été; du côté du nord-ouest ou de l'ouest, par des causes de plusieurs natures, savoir : pour les Ilex, Fagus, Fraxinus, Rhododendron, par le défaut de chaleur suffisante en été (quoique souvent on ne puisse pas préciser les chiffres); pour les Coronilla, Abies pectinata, Jasminum, par trop d'humidité.

« Les Amygdalus nana et Caragana frutescens, dont les limites orientales sont mal connues, ou difficiles à préciser, sont arrêtés à l'ouest, le premier, par la température et l'humidité du printemps, le second par l'humidité générale.

« Cette même cause, surtout l'humidité du sol, paraît exclure l'Abies pectinata des plaines au nordouest de l'Allemagne. Cependant, il y a pour cette espèce, comme pour l'Abies excelsa, des causes antérieures à l'ordre de choses actuel, qui l'ont exclue de certaines régions occidentales, en particulier des îles Britanniques. L'exclusion du Rhododendron ponticum de certaines régions intermédiaires entre les deux habitations, ne peut pas s'expliquer non plus, d'une manière complète, par les causes connues, et doit remonter à des causes antérieures.

« Lorsque la somme de température est essentielle, ce ne n'est pas la somme déduite de la moyenne d'une saison qu'il faut envisager, c'est la somme comprise entre le jour où commence une température déterminée jusqu'au jour où elle s'arrête, c'est-à-dire dans un laps de temps qui varie selon les climats. »

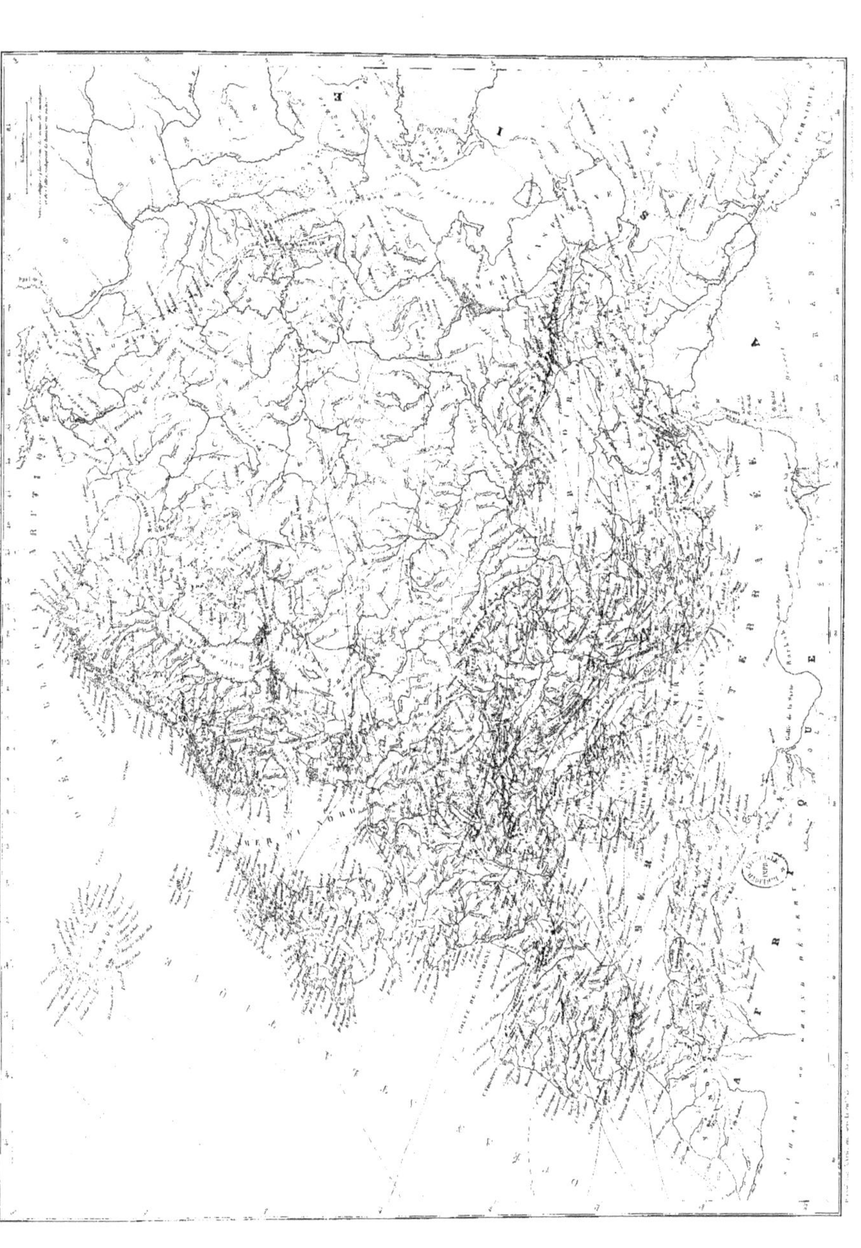

PLANISPHÈRE TERRESTRE SUIVANT LA PROJECTION DE MERCATOR

DISTRIBUTION DES PLUIES

La distribution de l'humidité dans l'Océan aérien, dont les plantes et les animaux qui vivent sur les îles et les continents habitent les bas-fonds, est un des phénomènes les plus importants de la météorologie ; elle a la plus grande influence sur la vie à la surface de notre planète. Cette distribution dépend de la proportion qui existe entre l'étendue des terres et celle de l'Océan, de la distance à l'équateur et de la hauteur des lieux au-dessus de la mer. Elle sert plus particulièrement à définir les différents climats. De Humboldt (*Cosmos*, t. I, p. 398 et suiv.) résume admirablement les circonstances qui influent sur la pluie, c'est-à-dire sur la précipitation à l'état de gouttelettes qui tombent jusqu'à terre, de l'humidité existant dans l'atmosphère.

« Comme la quantité de vapeurs contenue dans l'atmosphère, dit-il, augmente avec la température, il en résulte que cet élément doit varier suivant les heures de la journée, les saisons, les latitudes et les hauteurs. Nos connaissances sur l'élément hygrométrique, qui joue un rôle si considérable dans la création organique, ont sensiblement progressé depuis l'invention d'un nouveau procédé de mesure où l'on trouve une ingénieuse application des idées de Dalton et de Daniell, et dont l'emploi est promptement devenu général. Il suffit d'indiquer ici le psychromètre d'Auguste, au moyen duquel on détermine la différence du point de rosée avec la température de l'air ambiant, et, par suite, la quantité de vapeur d'eau contenue dans l'atmosphère. La température, la pression atmosphérique et la direction du vent ont d'intimes rapports avec l'humidité, dont le pouvoir vivifiant ne dépend pas uniquement de la quantité absolue de la vapeur dissoute dans les couches d'air, mais encore de la fréquence et du mode de *précipitation de cette vapeur, soit qu'elle humecte le sol sous forme de rosée ou de brouillard, soit qu'elle tombe condensée en gouttes de pluie et en flocons de neige*. D'après Dove : « La force élastique de la vapeur d'eau, contenue dans l'atmosphère de notre zone tempérée, est au maximum par le vent du sud-ouest, et au minimum par le vent du nord-est. Elle diminue à l'ouest de la zone des vents ; elle va en augmentant, au contraire, dans la région orientale. En effet, du côté de l'ouest, un courant d'air froid, pesant et sec, repousse le courant chaud, léger et humide, tandis que, du côté opposé, c'est le second

courant qui refoule le premier. Le courant du sud-ouest n'est qu'une déviation du courant équatorial, et le courant du nord-est est le seul courant polaire regnant. »

« Si quelques contrées des tropiques, où il ne tombe jamais de pluie ni de rosée sensibles, et dont le ciel reste complètement pur de nuages pendant cinq et même pendant sept mois, nous offrent cependant un grand nombre d'arbres couverts d'une fraiche et gracieuse verdure, c'est sans doute que les parties appendiculaires (les feuilles) possèdent la faculté d'absorber l'eau de l'atmosphère par un acte particulier à la vie organique, indépendamment de la diminution de température que le rayonnement produit. Les plaines arides de Cumana, de Coro et de Céara (Brésil septentrional), que la pluie n'humecte jamais, contrastent avec d'autres régions des tropiques où l'eau du ciel tombe en abondance. A la Havane, par exemple, Ramon de la Sagra a conclu de six ans d'observations qu'il tombe, année moyenne, 2,761 millimètres de pluie, c'est-à-dire quatre ou cinq fois plus qu'à Paris et à Genève. Sur le versant de la chaîne des Andes, la quantité de pluie annuelle décroît, comme la température, à mesure que la hauteur augmente. Coldas, un de nos compagnons de voyage dans l'Amérique du Sud, a trouvé qu'à Santa-Fé de Bogota (hauteur 2,600 mètres), la quantité de pluie ne dépasse pas 4,000 millimètres; ainsi elle y est moins abondante que sur certains points des côtes occidentales de l'Europe. Boussingault a vu plusieurs fois, à Quito, l'hygromètre de Saussure rétrograder jusqu'à 29°, par une température de 12 à 13°. Gay-Lussac, lors de sa célèbre ascension aérostatique, a vu le même instrument de mesure marquer 23°,3 dans des couches d'air à 2,100 mètres de hauteur. Mais la plus grande sécheresse qui ait été observée jusqu'ici, dans les plaines basses, est certainement celle que Gustave Rose, Ehrenberg et moi avons eu l'occasion de mesurer en Asie, entre les bassins de l'Irtysch et de l'Obi, dans la steppe de Platowskoïa. Le vent du sud-ouest avait soufflé longtemps de l'intérieur du continent, la température atmosphérique étant de 23°7, nous trouvâmes que le point de rosée s'était abaissé à 4°,3 au-dessous de la glace. Ainsi l'air ne contenait plus que 15 centièmes de vapeur d'eau. Dans ces derniers temps, quelques observateurs ont élevé des doutes sur la

grande sécheresse que les mesures hygrométriques de Saussure et les miennes semblent indiquer pour l'air des hautes régions des Alpes et des Andes; mais on s'est borné à comparer l'atmosphère de Zurich à celle du Faulhorn, dont la hauteur ne peut passer pour considérable qu'en Europe seulement. Sous les tropiques, près de l'altitude où la neige commence à tomber, c'est-à-dire entre 3,600 et 3,900 mètres de hauteur, les plantes alpestres, à feuilles de myrte et à grandes fleurs, particulières aux Paramos, sont baignées d'une humidité presque perpétuelle ; mais cette humidité ne prouve pas qu'il existe, à cette élévation, une grande quantité de vapeurs; elle prouve seulement que la précipitation se réitère souvent. On en peut dire autant des brouillards si communs sur le beau plateau de Bogota. Les couches de nuages se forment et se dissolvent plusieurs fois dans l'espace d'une heure, jeux rapides de l'atmosphère qui caractérisent, en général, les plateaux et les Paramos de la chaîne des Andes. »

La carte que nous donnons représente autant que possible les caractères les plus généraux de la distribution des pluies. Vers l'équateur et avant d'atteindre la zone où règnent les calmes équatoriaux, on rencontre la zone des pluies constantes et torrentielles, où une voûte de nuages perpétuels forme une sorte d'anneau autour de la terre et constitue ce que les marins français appellent le *Pot-au-Noir*. Cette zone pluvieuse se déplace annuellement à la suite des mouvements apparents du soleil par rapport à l'équateur terrestre. Il en résulte pour les lieux placés entre ses limites deux saisons pluvieuses et deux saisons sèches chaque année ; vers les limites elles-mêmes une seule saison pluvieuse, d'autant plus tardive qu'on monte plus haut vers les tropiques, alterne avec une saison sèche.

« En réunissant dans chaque zone parallèle à l'équateur, dit Arago (*Notice sur les pluies*, t. XII des œuvres, p. 454), un grand nombre d'observations, afin de faire disparaître l'effet des circonstances locales qui ont sur ce phénomène la plus grande influence, on trouve que la *quantité annuelle moyenne de pluie* augmente à mesure qu'on se rapproche de l'équateur ; en sorte qu'elle suit le progrès de la température des zones. Ainsi, de l'équateur au 25° degré de latitude, il tombe annuellement en moyenne 2,000 millimètres

d'eau, la quantité de pluie est comprise entre ce dernier nombre et 1,000 millimètres du 25° au 40° degré; elle se trouve généralement renfermée entre 500 et 1,000 millimètres du 40° au 50° degré; elle descend au-dessous de 500 millimètres entre 50 et 60° de latitude nord. Le nombre des jours pluvieux suit une marche inverse de la précédente; ainsi, entre le 12° et le 43° degré de latitude nord, ce nombre n'est que de 78 ; il est de 105 entre le 43° et le 46° degré; de 147 à la latitude de Paris, et il s'élève à 161 dans la zone comprise entre le 51° et le 60° degré. »

Sous les mêmes latitudes, les quantités totales de pluies annuelles varient beaucoup d'un lieu à un autre, et se répartissent très-différemment selon les saisons, comme le montre la carte.

Entre les tropiques, dans la zone la plus pluvieuse, on trouve, par exemple, à Bombay une quantité totale moyenne de 2,370, qui s'élève parfois jusqu'à plus de 5,000 millimètres, et qui tombe presque entièrement en juin, juillet, août et septembre ; dans l'île Bourbon, la quantité totale varie, pour ces lieux, de 1,700 à plus de 4,000 millimètres, et la pluie tombe surtout en printemps et en été ; à la Guadeloupe, il tombe de 3,000 à 7,000 millimètres : l'établissement de Macouba dans cette île est, parmi tous les lieux du globe où l'on a fait des observations météorologiques, celui dans lequel il tombe le plus de pluie.

Par un contraste remarquable, dans certaines régions de notre planète les pluies sont presque inconnues : ainsi se trouvent l'Égypte et quelques déserts asiatiques.

En Europe, où la quantité totale de pluie annuelle varie de 600 à 1,100 millimètres selon les lieux et les années, les pluies d'été et d'automne surpassent dans une forte proportion les pluies d'hiver et de printemps, mais il y a plus de jours pluvieux en hiver qu'en été. A parité de circonstances, il tombe en Europe plus de pluies dans les montagnes que dans les plaines. Mais sur les bords de la Méditerranée, et à l'ouest du continent jusqu'à la hauteur de l'Angleterre, il y a prédominance des pluies d'automne sur les pluies d'été. Au nord et à l'ouest de cette bande à pluies cantonnales, le maximum des pluies tombe en été.

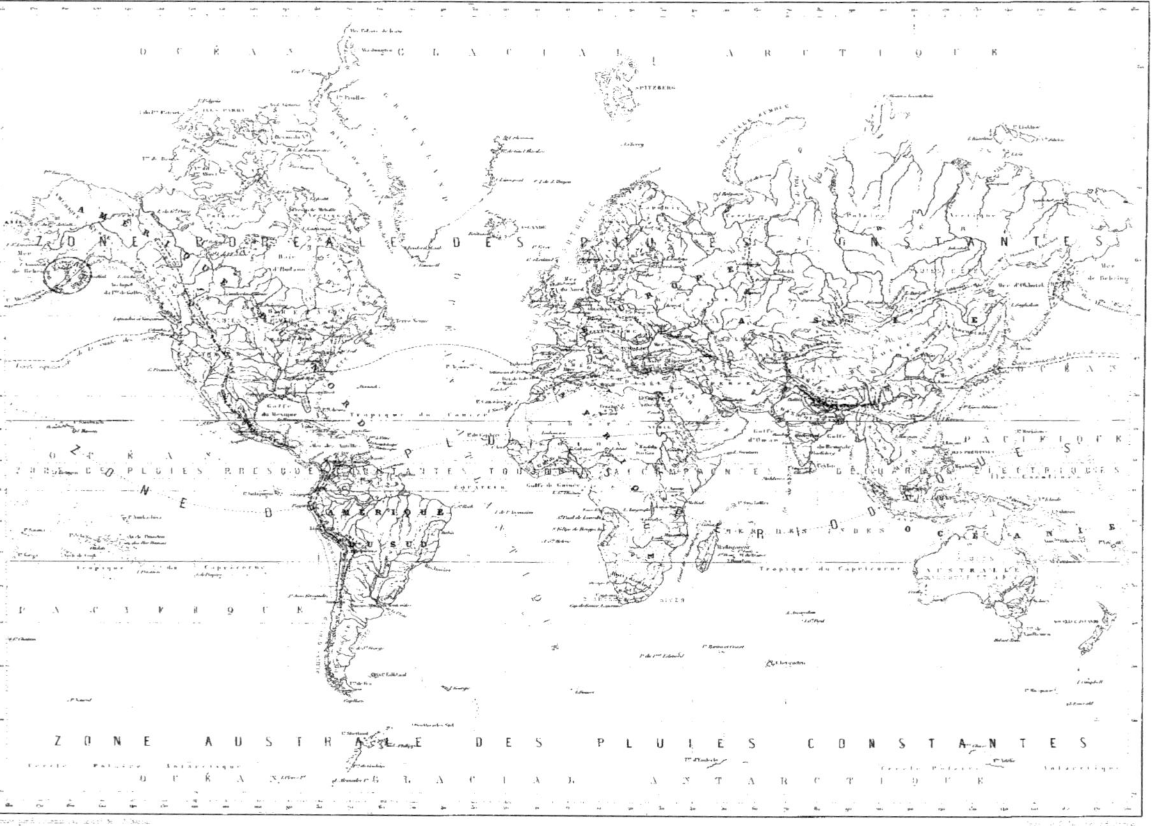

Carte des pluies

1827. — *Peter Dillon*, Anglais, retrouve les traces de Lapeyrouse à l'île Vanikoro.

1827-1828. — *Voyage de la Chevrette*, commandée par le lieutenant de vaisseau *Fabré*, dans le but de faire des observations sur le magnétisme terrestre et la météorologie. On va à Pondichéry, Calcutta, Ceylan, Java; et l'on rectifie plusieurs îles.

1827 à 1829. — *Maw* traverse tout le continent de l'Amérique méridionale, depuis l'océan Pacifique sur la côte du Pérou, jusqu'à l'Atlantique, en descendant l'Amazone.

1828. — *Caillé*, Français, fait un voyage dans l'intérieur de l'Afrique et va à Tombouctou, d'où il a le bonheur de revenir.

1828. — *Lütke*, de la marine russe, parcourt le Grand Océan, et découvre le groupe de Séniavine dans les Carolines.

1829. — *John* et *James Ross*, sur le *Victory*, s'avancent dans l'Entrée du Prince-Régent, découvrent la terre de Boothia, mais restent enfermés par les glaces durant quatre années; dans cette situation, ils ont le bonheur de retrouver les provisions bien conservées du navire le *Fury*, abandonné par Parry, six ans auparavant. Le navire *Isabel*, envoyé à la recherche des deux navigateurs, les rencontre et les ramène. *James Ross*, pendant cette expédition, a trouvé le pôle magnétique boréal.

1829 à 1830. — Le capitaine *Morrell*, Américain, trouve le groupe de Westerfield, l'île Livingston dans le Nouveau-Shetland méridional, et, vers 62° 41' de latitude sud, une terre glacée qu'il appelle Groënland méridional.

1830. — *Voyage de la Favorite* autour du monde, sous le commandement du capitaine de vaisseau *La Place*, Français. Cette expédition a fourni de précieux documents hydrographiques sur les parages de la Cochinchine et du Tonkin. Vers le même temps, l'officier de la marine française, *Legoarant de Tromelin*, sur la corvette *la Bayonnaise*, accomplissait aussi un voyage de circumnavigation.

1830 à 1832. — Le capitaine *Riscoe*, Américain, découvre la terre Enderby, au sud-est de l'Afrique; et plus tard l'île Adélaïde, les îles Riscoe et la terre de Graham, dans les mers antarctiques.

1831 à 1836. — *De Hügel*, Allemand, parcourt la Syrie, l'Égypte, l'Hindoustan méridional, Ceylan, la Malaisie, la Polynésie, revient par la Chine, gravit les monts Himalaya, et s'arrête avant de revoir l'Europe, dans la vallée de Cachemire.

1832 et 1833. — *Jules de Blosseville*, officier de la marine française, commandant la *Lilloise*, s'avance dans l'océan Glacial, on apprend qu'il était en 1833 vers la côte orientale du Groënland, et depuis lors toute trace de lui est perdue.

1833. — *Kemp*, Anglais, s'avance à son tour dans les mers australes et aperçoit une terre inconnue vers 57 degrés de longitude est.

1836 à 1839. — *Voyage de la Vénus* autour du monde, sous le commandement de *Du Petit-Thouars*. Départ de Brest le 29 décembre 1836. On mouille à Rio-Janeiro; on double le cap Horn le 21 mars 1837; mouillage à Valparaiso le 18 mars 1838; on va de là à Lima, aux Marquises, à la terre de Van-Diémen; on arrive à Bourbon le 5 mars 1839; on double ensuite le cap de Bonne-Espérance et l'on est de retour à Brest le 25 juin 1839. Ce voyage a été profitable à toutes les branches de la science.

1836 à 1837. — *Voyage de la Bonite*, commandée par l'officier de la marine française *Vaillant*. On recueille de précieux renseignements scientifiques et géographiques.

1837 à 1840. — *Voyage de l'Artémise* autour du monde, sous le commandement du capitaine de vaisseau *La Place*, le même qui précédemment avait dirigé le voyage de la *Favorite*.

1837 à 1840. — *Voyage au pôle Sud et dans l'Océanie*, avec les corvettes *l'Astrolabe* et *la Zélée*, sous le commandement de *Dumont d'Urville*, accompagné du capitaine *Jacquinot*. On part de Toulon; on visite Ténériffe, Rio-Janeiro; on passe le détroit de Magellan; on explore l'archipel glacial qui s'étend loin au sud de la Terre-de-Feu; on découvre en 1838 la terre de Louis-Philippe et la terre de Joinville; en 1839, on va à Valparaiso côte du Chili, aux Marquises, à Taïti, aux îles Viti, aux îles Salomon, aux Mariannes, à la Nouvelle-Guinée, à Bornéo, à Java, à Sumatra, à Hobar-Town. L'année suivante, Dumont d'Urville s'avance jusqu'au cercle polaire austral, où il découvre la terre Adélie et la terre Clarie; arrêté par des banquises infranchissables, il revient à Hobar-Town; il va aux îles Auckland, à la Nouvelle-Guinée, mouille à l'île Bourbon, à Sainte-Hélène et est de retour de ce célèbre voyage le 6 novembre 1840. Vers le même temps, le capitaine de vaisseau *Cécille*, Français, sur l'*Héroïne*, accomplissait aussi un intéressant voyage et rapportait de précieux renseignements, surtout des mers de la Chine.

1838 à 1842. — *Charles Wilkes*, Américain, arrive, en janvier 1840, à des terres du cercle polaire que Dumont d'Urville avait vues le même mois, sans que l'un connût la découverte de l'autre; il aperçoit sur un espace de plus de 60 degrés de longitude des traces de côtes qu'il prend pour celles des grandes terres, mais il n'y peut descendre.

1839. — *Chauchard*, capitaine du commerce français, fait un voyage autour du monde.

1840 et 1844. — *James Clark Ross*, Anglais, commandant les navires *Erebus* et *Terror*, pénètre dans les mers Australes où il s'avance encore plus loin que ses prédécesseurs et où il découvre, le 11 septembre 1841, la terre Victoria, dont il reconnaît la côte de 70 à 79° de latitude sud, entre 163 et 170° de longitude est, et y remarque les volcans qu'il nomme Erebus et Terror.

1839. — *Balleny*, Anglais, découvre, un peu au delà du cercle polaire, les îles Balleny, et, vers 64° de latitude, une terre assez considérable qu'il nomme Sabrina.

1845 à 1850. — *John Franklin*, anglais, part, avec les navires *Erebus* et *Terror*, pour trouver un passage nord-ouest de l'Atlantique dans le détroit de Behring; des années s'écoulent sans qu'on entende parler de lui. En 1848, *James Ross* va à sa recherche par mer, tandis que *John Richardson* y va par terre, mais l'un et l'autre sans succès. En 1850, le capitaine *Austin*, le capitaine *Penny*, sir *John Ross*, le capitaine *Forsyth*, vont à leur tour à la recherche de Franklin et sans meilleur résultat.

1846 à 1854. — *Ida Pfeiffer*, une femme entreprenante, fait deux voyages autour du monde. Premier voyage (1845 à 1849) : Départ de Vienne en 1846; embarquement à Hambourg; elle va à Rio-Janeiro, parcourt le Brésil, passe le cap Horn, va à Valparaiso, à Taïti, en Chine, à Macao, à Hong-Kong, à Singapore, à Ceylan, Calcutta, Bombay, Bagdad, en Perse, en Circassie, en Grèce. — Deuxième voyage (1851 à 1854) : Départ de Londres; elle va au cap de Bonne-Espérance, à Singapore, à Batavia, Sumatra, aux Célèbes, en Californie, à Lima, à Quito, à Panama, à la Nouvelle-Orléans, parcourt les États-Unis et revient en Angleterre.

1850 à 1853. — *Mac-Clure*, capitaine anglais commandant l'*Investigator*, se trouve au détroit de Behring en 1850; de là il s'avance résolûment au nord-est, en longeant les côtes boréales du continent américain, et passe devant l'embouchure du fleuve Mackensie; parvenu vers 126° longitude ouest, il se dirige au nord, découvre la grande île Baring, qui se trouve être une partie de la terre de Banks, déjà connue au nord; il en fait le tour après mille périls, en se frayant un chemin dans les glaces avec la hache, la mine et le feu; on passe trois hivers dans ces horribles solitudes: on se hasarde à pied ou en traîneau sur la glace à de grandes distances: Mac-Clure se rend même à l'île Melville, vue trois ans auparavant par Parry; enfin, en avril 1853, il a la joie de voir arriver quelques-uns de ses compatriotes envoyés par le capitaine *Kellett* pour lui apporter des secours. La communication s'opérait par le bassin de Melville. Donc la continuité de la mer, depuis le détroit de Behring jusqu'au détroit de Davis, n'était plus douteuse. Un passage au nord-ouest était découvert, mais sans avantage sensible pour le commerce et les relations des peuples.

1851 et années suivantes. — *Caralis*, sur le navire marchand *l'Arche-d'Alliance*, fait un voyage autour du monde très-profitable à la géographie. Peu auparavant des voyages de circumnavigation avaient été aussi accomplis par l'amiral danois *Steen-Bill* et le capitaine suédois *Virgin*.

1851 et 1852. — *Kennedy*, capitaine anglais, et *Bellot*, lieutenant de vaisseau de la marine française sur le petit navire *le Prince-Régent*, équipé par lady Franklin pour aller à la recherche de son mari, s'avancent dans le détroit de Lancastre, dans le détroit de Barrow, autour du North-Somerset, dans la baie de Brentfort, au fond de laquelle on découvre le détroit de Bellot, par 72° latitude et 95° longitude. De 1852 à 1853, le capitaine *Inglefield*, le capitaine *Kennedy* et le lieutenant *Bellot* firent encore d'inutiles tentatives pour retrouver Franklin. En dernier lieu, *Inglefield* et *Bellot* s'avancèrent, sur le navire à vapeur le *Phénix*, dans la direction de la mer de Baffin; ils communiquèrent très-heureusement dans le détroit de Wellington, avec sir *Edward Belcher* qui, depuis 1852, stationnait dans ces parages avec cinq bâtiments; mais ce fut là que périt dans une crevasse de glace, victime de son dévouement, le jeune et intrépide Bellot.

1853 à 1855. — *Kane*, Américain, qu'un généreux citoyen de l'Union, M. Grinnel, avait envoyé à ses frais à la recherche de Franklin, franchit le détroit de Smith, atteint en traîneau 82°30' de latitude, presque aussi loin qu'était parvenu Parry en 1827; là il voit un bras de mer libre qu'il appelle Kennedy et qui lui paraît faire partie d'une mer libre plus vaste, que des géographes avaient déjà devinée et proposé d'appeler Polynia, mais que l'on a nommée mer de Kane; ces découvertes tendent à prouver que la région polaire même est moins froide que les régions les plus rapprochées du continent américain. Kane est obligé d'abandonner son navire dans les glaces, et, à l'aide de traîneaux et de bateaux, gagne en 1855 les établissements du Groënland.

1854. — *John Rae*, déjà célèbre par des découvertes arctiques, et qui, en 1846, avait reconnu la côte entre Boothia et la presqu'île Melleville, acquiert, par la narration de plusieurs Esquimaux et par des objets trouvés entre leurs mains, la certitude de la mort de John Franklin et de ses compagnons qui paraissaient avoir péri en 1850, dans le voisinage du fleuve Back, de misère et de faim.

1859 à 1861. — *H. Duveyrier* visite le plateau central de Sahara.

1859 à 1863. — *Livingstone* découvre le lac Nyassa dans l'Afrique orientale.

1861 et 1865. — *Samuel Baker* fait un voyage d'exploration dans l'Afrique équatoriale.

1715. — *Legentil de la Barbinais*, Français, fait, en passant d'un navire à l'autre, un voyage de circumnavigation.

1721 à 1723. — *Roggewen*, Mecklembourgeois au service de la Hollande, fait un voyage autour du monde, découvre l'île de Pâques et les îles Roggewen.

1725 à 1729. — *Vital Behring*, Danois au service de la Russie, fait un voyage de découvertes sur les côtes du Kamtschatka, découvre le détroit de Behring et s'assure que l'Asie et l'Amérique forment deux continents séparés.

1740. — *Georges Anson*, Anglais, fait le tour du monde et découvre l'archipel qui porte son nom.

1764. — *Le commandore Byron*, Anglais, explore l'océan Pacifique à l'ouest de la terre de Magellan et découvre plusieurs îles, entre autres celle des îles Mulgraves qui porte son nom.

1766 à 1769. — *Voyage de Bougainville autour du monde.* Bougainville part de Brest le 5 décembre 1766, avec la frégate *la Boudeuse*, rallie à Rio-Janeiro la flûte *l'Étoile*, passe le détroit de Magellan, parcourt l'archipel Dangereux dont Wallis n'avait vu que la moindre partie, visite Taïti et les autres îles de la Société, remonte l'archipel des Navigateurs dont la reconnaissance devait être complétée par Lapeyrouse, voit les Nouvelles-Hébrides, qu'il veut nommer Grandes-Cyclades et qui faisaient partie des terres du Saint-Esprit de Quiros, découvre l'archipel de la Louisiane, reconnaît une partie des îles Salomon, mouille ensuite à l'île de la Nouvelle-Bretagne, reconnaît encore plusieurs îles, prolonge la côte de la Nouvelle-Guinée, voit la terre des Papous, traverse l'archipel des Moluques, passe entre l'île Salewer et la côte des Célèbes, va mouiller à Batavia, débouquant du détroit de la Sonde, fait voile pour l'Ile-de-France, double le cap de Bonne-Espérance, mouille à l'Ascension, d'où il va débarquer à Saint-Malo le 16 mars 1769.

1766 à 1769. — *Samuel Wallis*, Anglais, fait le tour du monde, son expédition ayant surtout pour but de découvrir de nouvelles terres dans l'hémisphère austral; il découvre la chaîne méridionale de l'archipel Dangereux, avec les îles qui portent son nom, et retrouve l'île de Taïti (Sagittaria de Quiros).

1766 à 1767. — *Philippe Carteret*, Anglais, faisant partie de l'expédition de Wallis, retrouve l'archipel de Santa-Cruz découvert par Mendaña et le nomme archipel de la Reine-Charlotte, il passe le premier le canal de Saint-Georges, entre la Nouvelle-Bretagne et la Nouvelle-Zélande, et découvre les îles Cower et Carteret.

1768 à 1771. — *Premier voyage de James Cook autour du monde* : Parti de la Tamise sur *l'Endeavour*, le 13 août 1768, Cook double le cap Horn, a connaissance de plusieurs îles de la partie méridionale de l'archipel Dangereux, mouille à Taïti, le 13 juin 1769, où il observe le passage de Vénus sur le disque du soleil, aborde dans la partie orientale de la Nouvelle-Zélande en droit fil, explore les autres îles de la Société, découvre le détroit de Cook qui partage la Nouvelle-Zélande en deux îles, se dirige vers la Nouvelle-Hollande, mouille à Botany-Bay sur la côte de la Nouvelle-Galles, visite plusieurs îles voisines du continent, passe entre la pointe nord de la Nouvelle-Hollande et la Nouvelle-Guinée, dont il prend connaissance, mouille à Batavia, double le cap de Bonne-Espérance et rentre dans sa patrie le 21 juin 1771.

1769. — *De Surville*, navigateur français, part, le 3 mars 1769, de l'embouchure du Gange, entre dans l'océan Pacifique, retrouve en partie l'archipel de Salomon découvert par Mendaña, visité en partie seulement par Bougainville, mouille à la Nouvelle-Zélande, traverse le grand Océan et gagne les côtes du Pérou, où il périt sur le point d'aborder avec son canot.

1772. — *Kerguelen*, officier français, découvre l'île de Kerguelen, dans l'océan Austral; c'est celle que Cook appela plus tard terre de la Désolation.

1772 à 1773. — *Deuxième voyage de Cook autour du monde*, avec les navires *la Résolution* et *l'Aventure* : Départ de Plimouth le 13 juillet 1772, relâche au cap de Bonne-Espérance, recherche du cap de la Circoncision, terre australe que le Français Lozier-Bouvet passait pour avoir découverte en 1739 et que Cook juge être des montagnes de glace; il va à la Nouvelle-Zélande, aux îles de la Société, à celle des Amis; il voit, après Bougainville, les Nouvelles-Hébrides; il découvre l'île de la Nouvelle-Calédonie, l'île Norfolk, s'avance vers le pôle sud, vers l'océan Atlantique, et s'y rendant, il visite la terre de la Roche et une partie des îles Sandwich, et, après avoir ainsi fait le tour de l'océan Pacifique dans les plus hautes latitudes, il double le cap de Bonne-Espérance et débarque en Angleterre le 5 juillet 1775.

1773. — *Furneaux*, Anglais, découvre les îles Furneaux au nord-est de la Tasmanie.

1776 à 1780. — *Troisième voyage de Cook autour du monde* avec les navires *la Résolution* et *la Découverte* : Il part de Plimouth le 12 juillet 1776, double le cap de Bonne-Espérance, visite la terre de Kerguelen, touche à la terre de Van-Diémen et à la Nouvelle-Zélande, visite de nouveau les îles de la Société et les îles des Amis, achève la découverte des îles Sandwich, parvient à la côte nord-ouest de l'Amérique, mouille à la baie du Roi-Georges ou de Noutka, découverte par l'Espagnol Perez, en 1774, reconnaît le détroit de Jean-Fuca, mouille ensuite à la baie du Prince-William, reconnaît la rivière de Cook, côtoie la partie méridionale d'Alaska au sud du détroit de Behring, les îles Aléoutiennes, remonte vers le nord, entre dans le détroit de Behring avec l'espérance d'y trouver un passage dans la baie d'Hudson, n'y parvient pas et revient aux îles Sandwich où il est tué par les indigènes le 14 février 1779. L'expédition fait de retour en Angleterre le 6 octobre 1780.

1780. — *Maurelle*, Espagnol, fait un voyage autour du monde.

1785 à 1788. — *De Lapeyrouse*, officier de la marine française, part de Brest avec les frégates *la Boussole* et *l'Astrolabe*, le 1er août 1785, va à Madère, à Ténériffe, à la Trinité, au Brésil, à l'île de Pâques, aux îles Sandwich, aux Mariannes, à Macao; il entre dans la mer du Japon, trouve le canal qui sépare la Mandchourie d'Yéso et de Sockalian; de là, pénètre jusqu'au détroit ensemble qui règne entre ces terres et le continent, traverse le détroit de Lapeyrouse, visite le Kamtschatka, la baie de la Botanique (Botany-Bay), à la Nouvelle-Hollande. On perd ensuite sa trace retrouvée en 1827 par l'Anglais Peter Dillon et en 1828 par Dumont d'Urville, sur les récifs de Vanikoro où il avait péri.

1785 à 1790. — *Portlock, Dixon, Meares, Edwards*, Anglais, font le voyage autour du monde.

1785 à 1794. — *Le commodore Billing*, au service de la Russie, accompagné de *Saritschew*, fait un voyage dans l'océan Glacial et sur les côtes du nouveau continent.

1789. — *Alexandre Mackensie*, Anglais, descend jusqu'à l'océan Glacial le fleuve qui porte son nom.

1790 à 1793. — *Malaspina et Bustamente*, Espagnols, font le tour du monde.

1790. — *Guillaume-Robert Broughton*, Anglais, commandant le *Chatam* dans l'expédition de Vancouver, ci-après mentionnée, découvre l'archipel de Broughton, à l'embouchure de la Colombie, reconnaît les États du Japon, la côte orientale de l'Asie et une partie de l'Océanie.

1790 à 1793. — *Georges Vancouver*, Anglais, qui avait accompagné Cook dans ses deuxième et troisième voyages, cherche une communication maritime par le nord entre les côtes occidentale et orientale de l'Amérique septentrionale; il explore, d'abord avec l'Espagnol Quadra, en 1792, puis seul en 1793, toute la côte occidentale, depuis le 56e jusqu'à la Nouvelle-Californie, visite les comptoirs russes, l'archipel du Roi-Georges et du Prince de Galles, les îles de l'Amirauté et revient en Angleterre en 1795. Il était avec Quadra quand il découvrit une île du grand Océan Boréal qui a gardé le nom de Quadra-et-Vancouver et qui fait partie de la Nouvelle-Bretagne.

1790 à 1792. — *Marchand*, capitaine du commerce français, accomplit un voyage autour du monde. Parti de Marseille le 14 décembre 1790, sur le *Solide*, il touche aux îles du Cap-Vert, contourne la Terre-de-Feu, relâche aux îles Marquises, découvre l'île Marchand, visite la côte nord-ouest de l'Amérique, les îles de la Reine-Charlotte, les îles Sandwich, les îles Mariannes, Macao, l'Ile-de-France, le cap de Bonne-Espérance et vient débarquer à Toulon le 14 août 1792.

1791. — *Ingraham*, Anglais, découvre un groupe important des îles Marquises.

1791 à 1793. — *D'Entrecasteaux*, Français, sur un décret de l'Assemblée nationale qui ordonne une expédition à la recherche de Lapeyrouse, part de Brest le 28 septembre 1791, avec les frégates *la Recherche* et *l'Espérance*, touche à Ténériffe, au cap de Bonne-Espérance, va aux îles de l'Amirauté en passant par le sud de la Nouvelle-Hollande, visite la terre de Van-Diémen, découvre le canal d'Entrecasteaux, va à la Nouvelle-Calédonie, aux îles des Amis ou de Tongatabou, reconnaît les Nouvelles-Cyclades, l'île Sainte-Croix et l'archipel de Salomon, et meurt en mer le 20 juillet 1793, près de Java. Son second, d'Auribeau, se rend à Java, où, trahissant la France, il livre ses frégates aux Hollandais.

1792 à 1793. — *Alexandre Mackensie* entreprend de traverser l'Amérique septentrionale dans toute sa largeur, y réussit et parvient, en juillet 1793, sur les côtes du grand Océan par 52° 14' latitude nord.

1798. — *Flinders et Bass*, Anglais, découvrent le détroit de Bass qui sépare la Tasmanie de la Nouvelle-Hollande.

1799. — *Alexandre de Humboldt* commence ses explorations dans l'Amérique méridionale, en compagnie d'*Amédée Bonpland*, Français; ce voyage devait durer jusqu'à 1804 et être du plus immense profit pour la science.

1800 à 1804. — *Nicolas Baudin et Hamelin*, sur *le Géographe* et *le Naturaliste*, font un voyage dans les mers australes, par ordre du gouvernement français. Départ du Havre le 19 octobre 1800; arrivée à la Nouvelle-Hollande le 25 avril 1801; découverte de la baie du Géographe, du cap du Naturaliste, du cap Leschenault, de la presqu'île Péron; visite des côtes méridionales de la Nouvelle-Hollande qui venaient d'être explorées par Flinders; on baptise de noms français qui n'ont pas été acceptés plusieurs points de cette côte. On essaye aussi d'imposer le nom de terre de Baudin à une partie de la côte est qui a fini par garder le nom de terre de Flinders. On reconnaît les îles de la Sonde, on mouille à Timor, d'où l'on repart pour les terres de Nuyts, de Leuwin et d'Edels. Visite à la terre de Van-Diémen, à Timor. Retour en France, à Lorient, le 25 mars 1804.

1801 à 1803. — *Flinders*, Anglais, explore le continent austral, particulièrement la côte méridionale où il devance Nicolas Baudin et Hamelin; il donne son nom à la terre de Flinders; il voit l'île des Kangurous, le golfe de Spencer, le golfe de Saint-Vincent, etc.

1800 à 1804. — *John Turnbull*, Anglais, fait un voyage autour du monde.

1803 à 1806. — *Krusenstern et Lisianski*, Russes, font le voyage autour du monde et portent leurs recherches à travers le grand Océan.

1806. — *Bristow*, Anglais, découvre les îles du Lord Auckland dans le sud du Grand Océan.

1808. — *W. Smith*, Anglais, découvre le Nouveau-Shetland du Sud.

1809. — *Daniel Ross*, Anglais, parcourt les mers de la Chine, et découvre la longue presqu'île à laquelle il donne le nom d'Épée du Prince-Régent.

1812 à 1814. — *David Porter*, Américain, fait un voyage autour du monde.

1814. — *Lazarev*, Russe, voit l'île Souvarow, à l'est des îles Samoa.

1814 à 1817. — *Otto de Kotzbue*, Allemand au service russe, fait un voyage autour du monde; il découvre le golfe de Kotzbue et l'île Chamisso sur la côte septentrionale de l'Amérique, au nord-est du détroit de Behring, l'île du Nouvel-An au sud-ouest des îles Sandwich; il visite les îles Krusenstern, la chaîne de Rurik, l'île Romanzov et quelques autres petites îles dans l'archipel de Pomotou.

1816 à 1819. — *De Roquefeuille*, officier de la marine française, fait un voyage autour du monde.

1817 à 1820. — *Voyage de l'Uranie autour du monde*, sous le commandement de *Louis de Freycinet*, Français, ayant plus spécialement pour objet d'étudier la physique du globe, la forme de la terre, la météorologie, le magnétisme terrestre, les sciences naturelles. Départ de Toulon le 17 septembre 1817; on touche à Ténériffe, à Rio-Janeiro, à l'Ile-de-France; on visite une partie des côtes de la Nouvelle-Hollande, Timor, la Nouvelle-Guinée, les Mariannes, les îles Sandwich; on découvre l'île Rose au sud-est de l'archipel des Navigateurs; on voit la Terre-de-Feu. L'*Uranie* fait naufrage aux îles Falkland ou Malouines, dans la baie Française, le 13 février 1820. Le voyage se termine sur la *Physicienne*.

1818. — *Sir John Ross*, Anglais, en allant à la recherche d'un passage nord-ouest, découvre les Arctic-Highlands.

1819 à 1821. — *Sir John Franklin*, Anglais, en compagnie de *Hood, Back* et *Richardson*, tente de reconnaître les extrémités continentales de l'Amérique vers le nord; il parvient jusqu'à 61° 28' de latitude; il descend le Copper-Mine River jusqu'à son embouchure et suit les côtes du golfe du Couronnement de George IV.

1819 à 1827. — *Voyages du capitaine Parry*, Anglais. Premier voyage (1819) avec les navires *Hekla* et *Griper*; Parry pénètre dans l'Entrée du Prince-Régent; il découvre le détroit de Barrow, l'île Melville et un ensemble d'autres terres considérables qu'il appelle la Géorgie septentrionale et qu'on nomme aussi archipel Parry; il voit une partie de la terre de Banks, dont le reste devait être trouvé trente ans plus tard par Mac-Clure; il passe l'hiver dans la baie qu'il nomma Hekla et Griper, là le thermomètre descend à 55 degrés au-dessous de zéro. — Deuxième voyage (1821), en compagnie du capitaine *Lyon*, avec les navires *Fury* et *Hekla*; il passe cette fois par le détroit d'Hudson, parcourt la baie de Repulse, que, contre son espoir, il trouve fermée; il découvre la presqu'île Melville, l'île Cockburn, et le détroit qu'il nomme Fury et Hekla. — Troisième voyage (1824); Parry prend par le détroit de Barrow qu'il avait découvert en 1819, il s'avance dans l'Entrée du Prince-Régent; mais le *Fury*, l'un des navires, est brisé par le choc d'une énorme masse de glace, et il est réduit à l'abandonner. — Quatrième voyage (1827); Parry se dirige en dernier lieu à l'est du Groënland, au nord du Spitzberg; il traverse des mers de glace à l'aide de traîneaux qu'il transforme au besoin en petites embarcations, et atteint le 82° 45' de latitude.

1821. — *Bellingshausen*, au service de la Russie, découvre les îles de Pierre Ier et d'Alexandre Ier dans les mers australes.

1822 et 1823. — *Clavering et Sabine*, Anglais, font une expédition au Spitzberg et sur la côte orientale du Groënland, pour des expériences relatives au pendule et à la détermination de la figure de la terre.

1822 et 1824. — *Pryster*, Anglais, découvre les îles Elice au nord de l'archipel de Viti. *Hunter*, de la même nation, découvre l'île Hunter. *Wight*, Anglais aussi, signale l'île Roxburg dans l'archipel Mangrea ou îles Haivey, dans le Grand Océan équinoxial, découvert par Cook, visité par *Dibbs* en 1823.

1822 à 1825. — *Voyage de la Coquille*, sous le commandement du capitaine *Duperrey*, accompagné de *Dumont d'Urville*. Départ de Toulon le 11 août 1822; visite au Brésil, au cap Horn, au Chili, à Payta, côte du Pérou, à Taïti, à la Nouvelle-Irlande; on double la terre de Van-Diémen; on mouille à Sidney sur la côte de la Nouvelle-Hollande; on va à la Nouvelle-Zélande; on visite les îles de la Nouvelle-Guinée; on visite les Moluques, Java, Sainte-Hélène, l'Ascension; retour à Marseille, le 24 avril 1825. Ce voyage, fécond en travaux hydrographiques, astronomiques et magnétiques, a procuré la découverte de l'île Clermont-Tonnerre, à l'extrémité orientale de l'archipel Dangereux et celle du petit groupe Duperrey, à l'est des Carolines.

1823 et 1824. — *Willingk*, Hollandais, fait un voyage autour du monde.

1823 à 1825. — *Denham, Clapperton et Oudney*, Anglais, entreprennent un voyage dans l'intérieur de l'Afrique. Oudney succombe dès le début, Clapperton, après d'intéressantes découvertes, meurt à son tour.

1824 à 1826. — Le baron *de Bougainville*, fils du célèbre navigateur, fait un voyage autour du monde.

1825. — *Sir John Franklin* fait une deuxième expédition; il descend le Mackensie, longe les côtes du continent à l'embouchure de ce fleuve, tandis que *Richardson* reconnaît celles qui se trouvent à l'est et découvre la terre de Wollaston. En même temps *Lyon* et *Beechey* veulent donner la main à l'expédition de Franklin, le premier par le bras de mer qu'il avait déjà essayé de traverser avec Parry, mais qu'il tente vainement encore de franchir; le second par le détroit de Behring et la côte nord-ouest de l'Amérique, où il arrive à 160 milles du point où Franklin avait été forcé de s'arrêter.

1825 à 1826. — *Poudling*, Américain, fait le tour du monde.

1826. — Le major *Laing*, Anglais, voyageant en Afrique, parvient à Tombouctou, mais est assassiné en revenant.

1826. — *Alcide d'Orbigny*, savant français, commence son grand voyage scientifique, qui embrasse le Brésil, la Plata, l'Uruguay, le Chili, le Pérou et la Bolivie.

1826 à 1829. — *Duhaut-Cilly*, officier de la marine française, fait le tour du monde.

1826 à 1829. — *Dumont d'Urville*, Français, avec les corvettes l'*Astrolabe* et la *Zélée*, fait un voyage autour du monde et recueille à Vanikoro les débris du naufrage de Lapeyrouse; il fait élever un monument au lieu même où il avait péri. Sous ses ordres, on exécute de grands relèvements et l'on rapporte de vastes renseignements scientifiques.

Trinité; ensuite découverte du continent américain, des provinces de Paria et de Cumana, du point où a été construite depuis la ville de Caracas. — Quatrième voyage: départ de Cadix, le 9 mai 1502, avec quatre caravelles; découverte de la Martinique, du cap Honduras, de la côte des Mosquites, de la côte de Costa-Rica, etc.; le 12 septembre 1503, retour définitif de Christophe-Colomb en Espagne, où il meurt dans l'abandon, le 20 mai 1506.

« La découverte du nouveau continent et des travaux entrepris pour étendre la connaissance de sa géographie n'ont pas seulement levé le voile qui, depuis des siècles, à couvert une vaste partie de la surface du globe: cette découverte et ces travaux ont aussi exercé l'influence la plus marquante sur le perfectionnement des cartes et des méthodes géographiques en général, comme sur les moyens extraordinaires propres à fixer la position des lieux. En étudiant les progrès de la civilisation, nous voyons partout la sagacité de l'homme s'accroître avec l'étendue du champ qui s'ouvre à ses recherches. L'astronomie nautique, la géographie physique (en embrassant sous ce nom jusqu'aux notions des variétés de l'espèce humaine et de la distribution des animaux et des plantes), la géologie des volcans, l'histoire naturelle descriptive, toutes les branches des sciences ont changé de face depuis la fin du XVe siècle et le commencement du XVIe. Une terre nouvelle offrait aux marins un développement de côtes de 120 degrés en latitude, aux naturalistes, de nouvelles familles de végétaux et de quadrupèdes difficiles à classer d'après les types et les méthodes connus; au philosophe, une même race d'hommes, diversement modifié par une longue influence des aliments, de la température et des mœurs, passant (sans franchir l'état intermédiaire de nomades pasteurs) de la vie de chasseur à la vie agricole, divisée par une infinité de langues d'une structure grammaticale bizarre, mais modelée sur un même type. Elle offrait au physicien et au géologue une chaîne immense de montagnes, soulevée par des feux souterrains, riche en métaux précieux, renfermant sur sa pente rapide et sur ses plateaux en gradins, dans un petit espace, les climats et les productions des zones les plus opposées. Jamais, depuis l'établissement des sociétés, la sphère des idées relatives au monde extérieur n'avait été agrandie d'une manière si prodigieuse; jamais l'homme n'avait senti un besoin plus pressant d'observer la nature et de multiplier les moyens de l'interroger avec succès (Humboldt, *Histoire de la géographie du nouveau continent*, t. I, p. 1 à 2). »

1497 à 1507. — *Amérigo Vespucci*, navigateur florentin, qui, par des causes tout à fait fortuites et indépendantes de sa volonté (*Cosmos*, t. II, p. 581 à 588), a laissé son nom à l'Amérique, fait cinq voyages importants. — Premier voyage: départ de Cadix, le 19 mai 1497, avec Alonzo de Hojeda, l'un des compagnons de Colomb; il reconnaît les côtes septentrionales de l'Amérique du Sud, persuade, comme Colomb d'ailleurs, qu'il ne voyait que les parties orientales de l'Asie. — Deuxième voyage, en 1498, toujours en compagnie de Hojeda; il aperçoit des terres nouvelles de la Guyane et de Venezuela; il aperçoit des terres nouvelles sous la zone torride, et se dirige ensuite au nord où il découvre un grand nombre d'îles. — Troisième voyage, pour le compte du gouvernement portugais: départ de Lisbonne, en mai 1501, avec trois navires; visite aux côtes d'Afrique jusqu'à Sierra-Leone et à la côte d'Angola; reconnaissance de la côte du Brésil jusqu'à la côte des Patagons. Le hasard d'une tempête jetant, la même année, le Portugais Cabral sur les côtes plus méridionales du Brésil, où se trouve aujourd'hui la ville de Porto-Segoro. — Quatrième voyage dans le dessein de découvrir un passage pour aller, par l'occident, aux Moluques: il longe les côtes d'Afrique, celles du Brésil; il navigue dans la baie de Tous-les-Saints jusqu'aux Abrolhos et à la rivière de Curonado: retour en Portugal en juin 1504. On n'a pas la relation du cinquième voyage d'Amérigo Vespucci, qui eut lieu en 1507 pour le compte de l'Espagne.

1497. — *Sébastien Cabot*, Vénitien, reconnaît l'île de Terre-Neuve.

1497 à 1521. — *Vasco de Gama*, navigateur portugais, appareille de Belem, petit port voisin de Lisbonne, le 8 juillet 1497, cherchant, comme tous les marins de son temps, la route la plus courte pour aller aux Indes orientales. Il reconnaît les îles du Cap-Vert sans s'y arrêter; en novembre, il atteint l'extrémité du continent africain et double, le premier, le cap de Bonne-Espérance; reconnaît Goa, Cananor, Calicut, la baie de Sofala, contrées où ses compatriotes Covilham et Alfonse de Païva étaient déjà

allés, en 1487, mais en traversant l'isthme de Suez; il mouille, en mars 1498, devant la ville de Mozambique; il s'avance jusqu'à Monboze, pousse jusqu'à Melinde, d'où il se rend à la côte du Malabar et jette l'ancre devant Calicut, le 20 mai 1498. Retour à Lisbonne en septembre 1499. Vasco de Gama part de nouveau pour les Indes orientales, le 3 mai 1502, à la tête de forces imposantes, mais plutôt en conquérant qu'en découvreur. Nommé vice-roi des Indes en 1524, il meurt peu après.

1500. — *Pierre Alvarez Cabral*, Portugais, après avoir été jeté par la tempête sur la côte du Brésil, arrive à Quiloa, sur la côte de Zanguebar.

1501. — *Cortereal*, Portugais, aborde au Labrador, précédemment aperçu par les Vénitiens Jean et Sébastien Cabot.

1502. — *Jean de Nova*, Portugais, découvre l'île Sainte-Hélène.

1503 à 1505. — *Paulmier de Gonneville*, Français, en voulant doubler le cap de Bonne-Espérance, est entraîné dans une latitude très-méridionale, où il voit une terre inconnue et a des rapports avec les indigènes.

1506. — *Tristan da Cunha*, Portugais, découvre les îles qui portent son nom dans l'océan Atlantique et visite l'île de Madagascar, où Laurenzo d'Almeida avait abordé le premier, ce pourquoi on l'avait appelée île Saint-Laurent.

1507. — *Laurenzo d'Almeida*, Portugais, le premier d'entre les Européens, retrouve l'île Ceylan, que les anciens connaissaient sous le nom de Taprobane, et s'en empare.

1509. — *Lopez Sequeira*, Portugais, visite Malacca où ses compatriotes se fixent en 1511. Ceux-ci profitèrent de cette position pour s'ouvrir tout l'archipel indien, ainsi que les royaumes de Siam, du Pégu, de Birman, d'Ava, de Camboge, de Ciampa et de Cochinchine, jusqu'alors ignorés des Européens. Les Portugais découvrirent vers ce temps Sumatra, Borneo, Java et les autres îles de la Sonde, ainsi que les îles Moluques.

1507 à 1521. — *Dias de Solis*, Espagnol, découvre la Floride, remonte le Rio de la Plata et explore la baie de Janeiro.

1511. — *Antonio Aubrea* et *Francisco Serrain*, au dire des Portugais, découvrent la terre des Papous ou la Nouvelle-Guinée, qu'auraient revue, en 1527, Menezes, et, en 1528, l'Espagnol Saavedra.

1512. — *Ponce de Léon*, Espagnol, découvre la Floride.

1513. — *Vasco Nuñez de Balboa*, Espagnol, traverse, le premier, l'isthme de Darien, et, le premier, aperçoit le grand Océan ou océan Pacifique, auquel il donne improprement le nom de mer du Sud.

1515. — *Perez de la Rua*, Espagnol, découvre le Pérou, qui fut exploré et conquis, de 1526 à 1533, par Pizarre et Almagro.

1516. — *Ferdinand Perez*, Portugais, le premier d'entre les Européens, aborde à Canton et pénètre dans la Chine. Deux ans après, il découvre les îles de Lieou-Khieou.

1518. — *Fernand de Cordoue*, Espagnol, découvre Mexique, qui bientôt après est conquis par Fernand Cortez.

1519 à 1521. — *Fernand Magellan*, Portugais au service de l'Espagne, entreprend le premier d'accomplir un voyage autour du monde. Parti le 20 septembre 1519, il découvre, le 21 octobre 1520, le célèbre détroit qui porte son nom, entre l'Amérique méridionale et la Terre-de-Feu; il entre, le premier, avec un navire européen, dans l'océan Pacifique qu'il parcourt, et découvre, en 1521, les îles des Larrons et les îles Philippines, dans l'une desquelles il trouve la mort. Son navire continua néanmoins le voyage et revient en Europe par les Moluques et le cap de Bonne-Espérance. Le premier voyage autour du monde avait duré onze cent vingt-quatre jours.

1523 à 1524. — *Jean Verazzani*, navigateur florentin au service de François Ier, roi de France, fait deux voyages de découvertes dans l'Amérique du Nord: il reconnaît une partie des Florides, dont l'Espagnol Ponce de Léon n'avait encore vu que quelques points. Dans un troisième voyage dans les mers septentrionales de l'Amérique, il périt avec tous ses compagnons, sans qu'on ait eu de renseignements sur sa fin.

1529. — *Jean* et *Raoul Parmentier*, Français, avec les navires le *Sacre* et la *Pensée*, partent de Dieppe pour les îles de la Sonde, qu'ils avaient déjà visitées et où ils avaient nom des relations. Ils meurent à Sumatra, quand ils projetaient d'aller aux Moluques. Leurs navires reviennent à Dieppe en 1530.

1534 à 1542. — *Jacques Cartier*, Français, natif de Saint-Malo, fait plusieurs voyages. — Premier voyage: départ de Saint-Malo, avec deux navires, le 20 avril 1534, ayant mission d'aller à la recherche de Verazzani et de reconnaître les terres septentrionales du continent américain. Il découvre le groupe des îles de la Madeleine, parcourt la côte occidentale du golfe de Saint-Laurent, visite la baie des Chaleurs, plusieurs autres points et revient à Saint-Malo le 5 septembre de la même année. — Deuxième voyage: il part, le 19 mai 1535, avec trois navires; il complète la découverte du golfe et du fleuve Saint-Laurent, ca septembre 1535, il aborde au Canada, auquel il donne le nom de Nouvelle-France, et revient à Saint-Malo. — Troisième voyage: départ de France avec cinq navires, le 23 mai 1540, pour établir des colons au Canada; retour en 1542.

1536. — *Fernand Cortez* découvre la Californie et la mer Vermeille.

1536 et 1537. — *Diego de Almagro* découvre le Chili.

1542. — *Antonio de Mota*, Portugais, se rendant à la Chine, est jeté par la tempête sur les côtes du Japon qui se trouve ainsi découvert et avec lequel les Européens commencent à entrer en communication.

1542. — *Cabrillo* et *Ferrelo*, Espagnols, longent la Nouvelle-Californie et découvrent le cap Mendocino, à la côte nord-ouest de l'Amérique.

1542. — *Moscoso Alvarado*, Espagnol, découvre l'embouchure du Mississipi.

1542. — *Jean-Alphonse*, Saintongeois, capitaine français, parcourt et relève une grande partie des côtes de l'Amérique septentrionale.

1553 à 1556. — *Willoughby* et *Barongh*, Anglais, en cherchant un passage au nord-est, parviennent dans la mer Blanche. Trois ans plus tard, ils arrivent aux côtes de la Nouvelle-Zemble et au détroit de Vaïgatch.

1567 et années suivantes. — *Alvaro Mendana de Neyra*, Espagnol, fait plusieurs voyages. — Premier voyage: parti du Pérou, Mendana prend son essor à travers le grand Océan, vers les terres australes, et découvre, en 1568, l'archipel de Salomon, qui fut ensuite perdu, mais que retrouva, en 1769, le navigateur français Surville. — Deuxième voyage, en compagnie de Quiros: découverte des îles Marquises, de l'île Santa-Cruz et d'autres îles du même groupe (aujourd'hui île d'Egmont et autres îles de la Reine-Charlotte) qui furent aussi perdues, et que devait retrouver l'Anglais Carteret. — Troisième voyage, encore avec Quiros: Mendana trouve la mort aux îles Salomon. Quiros continue sa route, traverse les eaux des îles Mariannes et vient débarquer au Mexique.

1576 à 1580. — *Martin Frobisher*, Anglais, découvre le détroit de Frobisher et retrouve les parties méridionales du Groënland.

1577 à 1580. — *Francis Drake*, Anglais, fait un voyage autour du monde. Parti de Plymouth le 13 décembre 1577, il relâche, en mai 1578, dans la Plata, entre, le 20 août, dans le détroit de Magellan, est jeté ensuite par les vents jusqu'au cap Horn, découvre la partie occidentale de la Terre-de-Feu, mouille à Mocha, île du grand Océan central, près du Chili, longe les côtes du Chili et du Pérou, entreprend de suivre la côte de l'Amérique septentrionale jusqu'au 48e parallèle boréal pour y trouver un passage dans l'océan Atlantique, n'y réussit pas, rétrograde, relâche dans une baie au nord de la Californie, se dirige ensuite vers les Moluques, mouille à Ternate, reconnaît les îles Célèbes, relâche à Java et au cap de Bonne-Espérance, est de retour en Angleterre le 5 novembre 1580, après trois ans d'absence.

1580. — *Iermak*, un Cosaque, découvre, par terre, la Sibérie et la conquiert pour la Russie.

1584. — *Gali*, Espagnol, découvre les côtes qui, depuis, ont été appelées Nouvelle-Georgie et Nouveau-Cornouailles.

1585 et années suivantes. — *John Davis*, Anglais, découvre le détroit de Davis ou une partie du Groënland.

1586. — *Thomas Cavendish*, Anglais, accomplit en sept cent soixante-dix-neuf jours le voyage autour du monde.

1594 à 1597. — *Barentz* et *Heemskerk*, Hollandais, le premier seul, en 1594, tous deux, en 1595, tentent en vain de trouver la route de la Chine par le nord-est. Dans un troisième voyage, en 1596, ils firent le tour du Spitzberg; leur navire se brisa; ils construisirent avec ses débris deux petites embarcations. Barentz mourut; Heemskerk hiverna dans la Nouvelle-Zemble et fut ramené en Hollande en 1597.

1598 à 1601. — *O. Van Noort*, Hollandais, fait un voyage autour du monde, dans le même temps que ses compatriotes *Simon de Cordes* et *Sebald de Wert*.

1601 à 1610. — *Voyage*, dit à tort, *de Pyrard de Laval*, parce que Pyrard, natif de Laval, a écrit l'une des deux relations de l'expédition. Martin, de Vitré, en a écrit une autre. *Frotet de la Bardelière*, sur le *Croissant*, et *Grou du Clos-Neuf*, sur le *Corbin*, partent de Saint-Malo en mai 1601, pour disputer aux Portugais le monopole du commerce de l'Orient. Ils visitent les Canaries, les îles du Cap-Vert, Sainte-Hélène, le cap de Bonne-Espérance, Madagascar, les Comores, les Maldives, où le *Corbin* fait naufrage et où meurt Grou du Clos-Neuf. Pyrard, de Laval, qui était à son bord, passe au Bengale en 1607 et revient en France en 1610. Frotet de la Bardelière, un moment plus heureux, avait gagné, sur le *Croissant*, l'île Ceylan, puis le Bengale; en juillet 1602, il avait reconnu Sumatra et y avait séjourné; mais, en revenant en France, il meurt aussi et, peu après, son navire a le même sort que le *Corbin*.

1605. — *Découverte de la Nouvelle-Hollande* par les Hollandais. Il est toutefois généralement admis maintenant que les Portugais et les Espagnols avaient dû visiter les parties septentrionales de cette vaste terre près d'un siècle avant les Hollandais.

1606. — *Quiros*, l'ancien compagnon de Mendana, dans un nouveau voyage, découvre un grand nombre d'îles de l'océan Pacifique, entre autres Taïti, qu'il nomma Sagittaria, et les Nouvelles-Hébrides appelées par lui Terre du Saint-Esprit.

1607. — *John Smith*, Anglais, découvre la baie de Chesapeak.

1610. — *Henri Hudson*, Anglais, découvre la baie d'Hudson.

1612 à 1616. — *Bylot* et *Baffin*, Anglais, découvrent la baie de Baffin.

1614. — *Spilberg*, Hollandais, fait un voyage autour du monde.

1615 à 1617. — *Jacques Lemaire* et *Guillaume Schouten*, Hollandais, font aussi un voyage autour du monde; ils découvrent le détroit de Lemaire, à l'extrémité sud de l'Amérique méridionale, le cap Horn qui avait été vu par Drake et les îles Schouten, dans l'océan équinoxial.

1616. — *Dick Hartighs*, Hollandais, reconnaît l'extrémité occidentale de la Nouvelle-Hollande, et la nomme Terre d'Endracht.

1623 à 1626. — *Jacques Lhermite* et *J. Happon*, Hollandais, font le tour du monde.

1627. — *Pieter Nuyts*, Hollandais, découvre la Terre de Nuyts, partie sud de la Nouvelle-Hollande.

1642. — *Abel Janssen Tasman*, Hollandais, parti de Batavia avec deux vaisseaux, découvre la partie septentrionale de la Nouvelle-Hollande, appelée Terre de Diémen, fait le tour, mais à distance, de la Nouvelle-Hollande, découvre l'île de Diémen appelée depuis Tasmanie et reconnaît partiellement la Nouvelle-Zélande. En 1643, il découvre les îles des Amis.

1613 à 1653. — *Edels*, *Leuwin*, *Witt*, *Arnheim* et d'autres navigateurs hollandais dont les noms sont oubliés, complètent la reconnaissance des côtes occidentales et septentrionales de la Nouvelle-Hollande. *Carpenter* visite la baie de Carpentarie.

1643. — *De Vries*, Hollandais, découvre les îles Hourop et Ouroup, qu'il nomme île des États et Terre de la Compagnie, deux des îles Kouriles.

1673 à 1691, 1699 à 1701, 1704 à 1711. — *William Dampier*, Anglais, fait trois voyages autour du monde. Dans le second, il découvre les îles de la Nouvelle-Bretagne et de la Nouvelle-Zélande.

1679 à 1682. — *Cavelier de la Sale*, Français, à travers les fleuves et les lacs de l'Amérique, arrive à l'embouchure du Mississipi et découvre la Louisiane.

1683 à 1686. — *Cowley*, Anglais, fait le tour du monde.

1693. — *Gemelli Carreri*, Italien, fait le tour du monde.

1696. — *Découverte du Kamtschatka* par les Russes qui l'annexèrent à leur empire en 1706. Le Cosaque Koupilov était parvenu le premier jusqu'aux rivages de la mer Orientale, aux environs d'Okhotsk. Un autre Cosaque, Derhnev, guidé par les vents, entraîné par les flots et les glaces, avait fait le tour des extrémités de l'Asie, depuis le Kolima jusqu'au fleuve Anadyr.

1708 à 1711. — *Wood Rogers*, Anglais, fait le tour du monde.

1710. — *Padilla*, Espagnol, découvre les îles Palos.

1713. — *Kosirevski*, Cosaque, atteint l'île de Konnachir, l'une des Kouriles.

PRINCIPAUX ITINÉRAIRES MARITIMES ET DE DÉCOUVERTES
GÉOGRAPHIQUES ET SCIENTIFIQUES.

La carte du bassin de la Méditerranée, qui fait partie de cet Atlas, a pour objet de montrer le berceau de la civilisation et les premiers éléments d'expansion du progrès qui, de proche en proche, devait à la longue conquérir le monde, en mettant tous les peuples en communication. A présent que des continents immenses, inconnus des anciens et longtemps même des modernes, tiennent pour ainsi dire déjà autant de place dans le mouvement civilisateur que la vieille Europe elle-même; à présent que toutes les mers du globe terrestre ont été explorées, que des populations ignorées pendant plusieurs mille ans ont été en quelque sorte recueillies comme des naufragés sur tous les archipels de l'océan Pacifique; à présent que la Chine et le Japon eux-mêmes viennent d'être ouverts aux Européens et que de ces populeuses régions, longtemps fermées au reste du monde, il vient des ambassades jusqu'à Paris, on peut mesurer d'un coup d'œil certain toute l'étendue du progrès accompli depuis l'époque où les Grecs, contemporains d'Homère et si peu avancés dans l'art de la navigation, regardaient le retour de Ménélas de la côte d'Afrique comme un miracle.

Le besoin de connaître, de voir des choses nouvelles, l'esprit d'échange et de commerce, furent pour les hommes intelligents qui n'étaient pas préoccupés que du brutal instinct de la force, les grands instigateurs du progrès. L'esprit de conquête put y avoir sa part, mais en seconde ligne: et sans prétendre que les expéditions d'Alexandre furent inutiles à la civilisation, on ne saurait les comparer, par leurs résultats, aux navigations d'un Christophe Colomb.

Le navire fut le principal instrument du progrès.

Nous ne mentionnerons ici que pour mémoire la *Navigation* « à moitié vraie, à moitié fabuleuse, » comme dit Humboldt (*Cosmos*, t. II, p. 472), *des Argonautes* vers l'an 1330 avant J.-C., de laquelle paraît dater la connaissance du Pont-Euxin pour les Grecs; le *Voyage autour de l'Afrique*, en partant de la mer Rouge et en revenant par les colonnes d'Hercule, indiqué par Hérodote, qu'auraient entrepris les Phéniciens sur l'ordre de Néchos, roi d'Égypte, 617 ans avant J.-C., voyage évidemment plus improbable encore que le fameux périple du Carthaginois Hannon, qui vivait au temps d'Hérodote lui-même. Le voyage d'Hannon ne paraît pas avoir dépassé le cap Noun.

Les trois événements, d'après Humboldt, qui eurent dans l'antiquité le plus d'influence sur les progrès de la contemplation du monde, en furent l'ouverture du Pont-Euxin, l'établissement des colonies phéniciennes et grecques sur les côtes de la Méditerranée et le passage à travers le détroit de Gadès ou colonnes d'Hercule (détroit de Gibraltar). Une fois ces progrès accomplis, l'idée de l'étendue de la terre fit des progrès sensibles: mais la vérité ne se fit réellement jour qu'après l'accomplissement des voyages que nous allons rappeler dans l'ordre chronologique et dont nous retraçons quelques-uns des principaux sur notre carte.

599 avant J.-C. — *Une colonie de Phocéens* fonde Marseille, qui bientôt donne naissance à Nice, Antibes, Agde, etc. La Gaule entre en communication avec le monde civilisé.

484 avant J.-C. — *Voyage d'Hérodote*, d'Halicarnasse, citoyen distingué d'une petite république commerçante, commerçant lui-même très-probablement. Hérodote visite les colonies grecques du Pont-Euxin, parcourt les pays situés entre le Borysthène et l'Hypanis (Russie méridionale), fait peut-être la route du Palus-Méotide au Phasis; à l'orient, il visite Babylone, Susa; au midi, les extrémités de l'Égypte; il voit aussi la Cyrénaïque (province de Barca dans la régence de Tripoli); toute la Grèce d'Europe lui est connue. Il meurt dans l'Italie méridionale ou Grande Grèce.

334 à 324 avant J.-C. — *Expédition d'Alexandre le Grand en Asie*. Androsthène, Néarque et Onésicrite sont chargés de reconnaître les côtes méridionales de l'Asie. Néarque va de l'embouchure de l'Hydaspe dans l'Indus jusqu'à Babylone.

326 avant J.-C. — *Voyage de Pithéas*, de Marseille, contemporain d'Alexandre le Grand. Il dépasse le détroit d'Hercule, longe les côtes occidentales de l'Espagne et des Gaules, entre dans la Manche, trouve le détroit Gallique (Pas-de-Calais), pénètre dans la mer du Nord, longe la côte orientale de la Grande-Bretagne et pousse jusqu'au Jutland, on a même prétendu jusqu'à l'Islande qui serait son île de Thulé; on a dit aussi qu'il avait pénétré dans la Baltique par le Sund. A la même époque, son compatriote Euthymènes passait également le détroit d'Hercule, mais pour explorer les côtes occidentales d'Afrique.

295 avant J.-C. — *Mégasthènes*, historien et géographe grec, remplit pour Séleucus Nicator une mission auprès d'un roi de l'Inde, Sandrocottus, et publie à son retour une Histoire des Indes.

IIe siècle avant J.-C. — *Eudoxe de Cyzique*, navigateur, qui vivait au IIe siècle avant J.-C., part du golfe Arabique pour se rendre dans l'Inde. Il soupçonne que l'Afrique est entourée par l'Océan et propose au souverain de l'Égypte d'en faire le tour. Suivant les uns, il aurait exécuté ce voyage; suivant d'autres, le projet n'aurait pas reçu d'exécution, ce qui est plus probable.

50 ans environ avant J.-C. — *Statius Sebosus* recueille à Gadès des renseignements sur cinq des îles Canaries, et Juba, roi de Numidie, fait de nouvelles recherches sur cet archipel.

Ier siècle de l'ère chrétienne ou quelques années auparavant. — *Strabon*, célèbre géographe grec, voyage dans toute l'Asie antérieure, en Égypte, en Grèce et en Italie.

IVe siècle de l'ère chrétienne. — *Les Hioug-nou ou Huns*, d'origine asiatique et de race mongole, qui avaient forcé vers 210 avant J.-C., les Chinois à élever la *grande muraille* et qui néanmoins avaient fait ensuite la conquête de la Chine, d'où ils ne furent chassés que vers 90 ans après J.-C., émigrent vers l'occident. Commencement du débordement des barbares sur les contrées civilisées de l'Europe. Il n'est plus guère question pendant longtemps d'explorations géographiques.

519 environ après J.-C. — *Cosmas*, marchand d'Alexandrie, surnommé *Indicopleustes*, c'est-à-dire naviguant dans l'Inde, voyage particulièrement en Éthiopie; il décrit l'île de Ceylan.

705 à 715 après J.-C. — *Le khalife Walid* envoie des ambassades en Chine, et des voyageurs arabes vont par terre de Samarkand à Canton. Ce même khalife soumet une grande partie de l'Indoustan.

851 environ après J.-C. — *Soleyman*, Arabe, part du golfe Arabique, va à Ceylan et décrit la Chine. *Wahab* et *Abouzaïd*, navigateurs arabes, vont à Canton par mer. En 850, le commerce des Arabes avec la Chine était tel, qu'ils entretenaient déjà un consul dans ce pays, où ils avaient devancé de beaucoup les Européens, de même qu'aux îles de la Sonde et aux Moluques. La première fois que les Grecs avaient pénétré jusqu'aux rivages de la mer Rouge, ils y avaient trouvé des Arabes en commerce avec les Indes orientales.

861. — *Un navire scandinave* aborde aux îles Féroë, qui présagent d'autres terres plus lointaines.

861 environ à 872. — *Trois navigateurs scandinaves* visitent l'Islande, île célèbre par les manuscrits qui y ont été conservés et par les services que ses habitants ont rendus à l'histoire du Nord. Vers l'an 874, l'Islande reçut une colonie norvégienne. Letronne, cité par Humboldt (*Géographie du nouveau continent*, t. II, p. 90) dit que des moines irlandais avaient connu les îles Féroë et l'Islande près de cent ans avant les Scandinaves. Quant aux parties de l'Amérique du Nord les plus rapprochées de l'Europe, on sait que les Normands de France, les marins bretons et ceux des environs de Bayonne les ont fréquentées de temps immémorial, particulièrement Terre-Neuve, mais sans profit pour la science. On place en l'année 932 ou en l'année 982 le voyage d'*Eric Rauda*, Norwégien, qui alla au Groënland et découvrit ainsi une vaste région de l'Amérique septentrionale, mais sans savoir à quoi elle se rattachait.

1001. — *Biorn*, Islandais, cherchant son père au Groënland, est poussé par une tempête fort loin au sud-ouest sur les côtes du continent de l'Amérique septentrionale, où, quelques années après, il retourna avec *Leif*, fils d'*Eric Rauda*.

1235 et années suivantes. — *Voyages par terre de Nicolas Ascelin*, moine dominicain, et de *Plan-Carpin* (Jean de Plano d Carpini), frère de l'ordre de Saint-François, envoyés par le pape aux khans tartares et mongoles qui avaient ravagé la Pologne, la Silésie, la Hongrie, et placé la Russie sous leur joug. Le premier, parti de Ptolémaïs, traversa la Syrie, la Mésopotamie, la Perse et s'arrêta sur la rive orientale de la mer Caspienne. Plan-Carpin se rendit d'abord au quartier général du khan Batou, qui régnait dans le Kaptchak, lequel comprenait tous les pays situés depuis l'embouchure du Dniester jusqu'aux monts Ourals, et depuis Moscou jusqu'à la mer Caspienne. Il alla ensuite jusqu'au quartier général du khan suprême Kajouk, chef de la Horde dorée, qui régnait sur la Mongolie proprement dite, comprenant la partie septentrionale de la Chine.

1253. — *Voyages par terre de Rubruquis* ou *Ruysbroeck*, frère de l'ordre de Saint-François, envoyé par saint Louis en Mongolie, pour y prêcher l'Évangile. Rubruquis visita le khan Sartak et le khan Batou, puis le khan suprême Mangou, dans la partie nord de la Chine, où il trouva des chrétiens nestoriens.

1271 à 1295. — *Voyage par terre de Marco-Polo*, Vénitien, qui parcourt l'Asie pendant vingt-six ans, particulièrement la Chine, sur laquelle il rapporte des détails longtemps contestés, mais confirmés depuis par d'autres voyageurs.

1325 à 1345. — *Ibn-Batoutah*, Arabe, parcourt l'Égypte, l'Arabie, la Syrie, l'empire grec, la Tartarie, la Perse, l'Inde, la Chine, l'Espagne, l'Afrique, va à travers l'Atlas jusqu'à Tombouctou et à Mali et visite d'autres parties du Soudan.

1327 à 1356. — *Jean de Mandeville*, Anglais, visite la Mongolie et entre au service du grand khan, qu'il suit dans ses guerres dans le midi de la Chine.

1330 et années précédentes. — *Oderic de Portenau*, religieux franciscain, parcourt l'Asie depuis les côtes de la mer Noire jusqu'à la Chine. Il visite la côte de Malabar, l'île de Sumatra et la Chine jusqu'à Péking.

1335 environ et années suivantes. — *François Balduin Pegoletti*, Italien, traverse la Mongolie et se rend aussi en Chine jusqu'à Péking.

1344 environ. — *Lanciloto Maraxello*, Génois, appelé en français Lancelot de Maloysel, retrouve les îles Canaries qui avaient été connues des anciens. Don Luis de la Cerda, amiral de Castille, se fait nommer par le pape roi de ces îles, dont Jean de Bethencourt, Français, fait la conquête de 1402 à 1425.

1380. — *Les deux Zeni*, Vénitiens au service d'un prince des îles Féroë et Shetland, visitent les contrées de l'Amérique septentrionale découvertes par les Scandinaves. Ils en conservèrent une description manuscrite qui, suivant divers auteurs, ne fut pas ignorée de Colomb, mais qui, dans tous les cas, fort obscure, ne parut qu'en 1558.

1417 à 1419. — *Jean Gonzalès Zarco* et *Tristan Vaz*, Portugais, découvrent, poussés par la tempête, les îles Porto-Santo et Madère.

1432. — *Gonzalo Vehlo Cabral*, Portugais, aborde le premier à l'une des îles Açores, qui ne furent complètement découvertes qu'en 1450.

1433. — *Gilianez*, ou mieux *Gilles Anès*, Portugais, double, le premier, le cap Bojador, côte occidentale d'Afrique.

1441. — *Les Portugais* découvrent le cap Blanc, sur la même côte.

1450. — *Antonio Noli*, Génois au service du Portugal, découvre les îles du Cap-Vert, qui sont revues, en 1456, par le Vénitien *Aloysio de Cada Mosto*.

1462. — *Pierre de Cintra* atteint, le premier, la côte de Guinée et se dirige au sud jusqu'au cap Mesurado.

1471. — *Jean de Santarem* et *Pierre Escobar*, Portugais, découvrent la Côte-d'Or.

1484. — *Diego Cam*, Portugais, trouve le fleuve Zaïre, dans le Congo. A la même époque, *Alfonse d'Aveiro* découvre le Bénin. Commencement de la traite des nègres.

1486. — *Barthélemy Diaz*, Portugais, atteint l'extrémité méridionale de l'Afrique, qu'il ne peut doubler et qu'il nomme cap des Tourmentes. Le roi Jean II de Portugal veut qu'on l'appelle cap de Bonne-Espérance.

1492 à 1504. — *Voyages de Christophe Colomb*. « D'Anville a dit avec esprit que la plus grande des erreurs dans la géographie de Ptolémée "la supposition que l'Asie s'étendait vers l'est, au-delà de 120° de longitude) a conduit les hommes à la plus grande découverte de terres nouvelles (Humboldt, *Histoire de la géographie du nouveau continent*, t. Ier, p. 11). » C'est en effet en cherchant un chemin pour atteindre les parties de l'Asie que l'on croyait excessivement prolongées vers l'Orient, que Christophe Colomb arriva à la découverte de l'Amérique. Il ne faudrait pas en conclure que cette découverte ne fut que le résultat du hasard. « Il ne faut point oublier que Behaim, Colomb, Vespucci, Gama et Magellan étaient contemporains de Regiomontanus, de Paolo Toscanelli, de Roderic Faléiro et d'autres astronomes célèbres qui communiquaient leurs lumières aux navigateurs et aux géographes de leur temps. Les grandes découvertes de l'hémisphère occidental ne furent point le résultat d'un heureux hasard. Il serait injuste d'en chercher le premier germe dans ces dispositions instinctives de l'âme, auxquelles la postérité attribue souvent ce qui est le résultat d'une longue méditation. Colomb, Cabrillo, Gali, et tant d'autres navigateurs qui, jusqu'à Sébastien Vizcayno, ont illustré les annales de la marine espagnole, étaient, pour l'époque à laquelle ils vivaient, des hommes remarquables par leur instruction. Ils ont fait d'importantes découvertes parce qu'ils avaient des idées justes sur la figure de la terre et de la longueur des distances à parcourir; parce qu'ils savaient discuter les travaux de leurs devanciers, observer les vents qui règnent sous différentes zones, mesurer et la variation de l'aiguille aimantée pour corriger leur route, et la longueur du chemin; appliquer à la pratique les méthodes les moins imparfaites que les géomètres d'alors avaient proposées pour diriger un navire dans la solitude des mers (Humboldt, *Histoire de la géographie du nouveau continent*, t. I, pp. 7 et 8. » Il a été prouvé que c'est en Portugal, à peu près en 1570, trois ans avant d'avoir reçu les conseils de Paolo Toscanelli, de Florence, que Colomb conçut l'idée de sa première entreprise. Les espérances de ce grand homme se fondèrent alors sur ce qu'il appela les *raisons de cosmographie*, sur le peu de distance qu'il y a des côtes occidentales d'Europe et d'Afrique *aux côtes du Catay* (la Chine) *et de Zipangou* (le Japon); sur des opinions d'Aristote et de Sénèque, comme sur quelques indices de terres situées vers l'ouest qu'on avait recueillies à Porto-Santo, à Madère et aux îles Açores. Fernando Colomb, dans la *Vie de l'amiral*, nous a transmis dans cinq chapitres et d'après les manuscrits authentiques de son père, l'ensemble des raisons sur lesquelles se fondait un projet dont l'exécution fut ajournée pendant vingt-deux ans jusqu'à la vieillesse de Colomb. Newton, à l'âge de vingt-quatre ans, avait tout découvert, le calcul des fluxions, l'attraction universelle et ce qu'il appela l'analyse de la lumière, tandis que Colomb avait déjà cinquante-six ans lorsque, partant de la barre de Rio de Saltes, le 3 août 1492, il entra dans la carrière des grandes découvertes: il en avait 68 pendant son dernier et dangereux voyage aux côtes de Veragua et des Mosquitas (Humboldt, *Histoire de la géographie du nouveau continent*, tome 1, pp. 12 à 14). » C'est à cet illustre Génois, au service de l'Espagne, qu'appartient véritablement la découverte du nouveau monde au point de vue du *Cosmos*. Il fit quatre voyages. — Premier voyage: départ le 3 août 1492, du port de Palos, avec les navires *la Santa-Maria*, *la Pinta* et *la Nina*; découverte, le 12 octobre, d'une île de l'Amérique, qu'il nomme San-Salvador, l'une des Lucayes; le 6 décembre, découverte de l'île de Haïti, qu'il nomme Hispaniola. Fondation du premier gouvernement européen en Amérique. — Deuxième voyage: départ de Cadix le 25 septembre 1493; découverte de la Guadeloupe, d'Antigoa, de Saint-Christophe, des îles sous le Vent, de Porto-Rico, de la Jamaïque, etc. — Troisième voyage: départ de San-Lucar, le 30 mai 1498, avec quelques mauvaises caravelles; découverte, le 3 juillet, de l'île de la

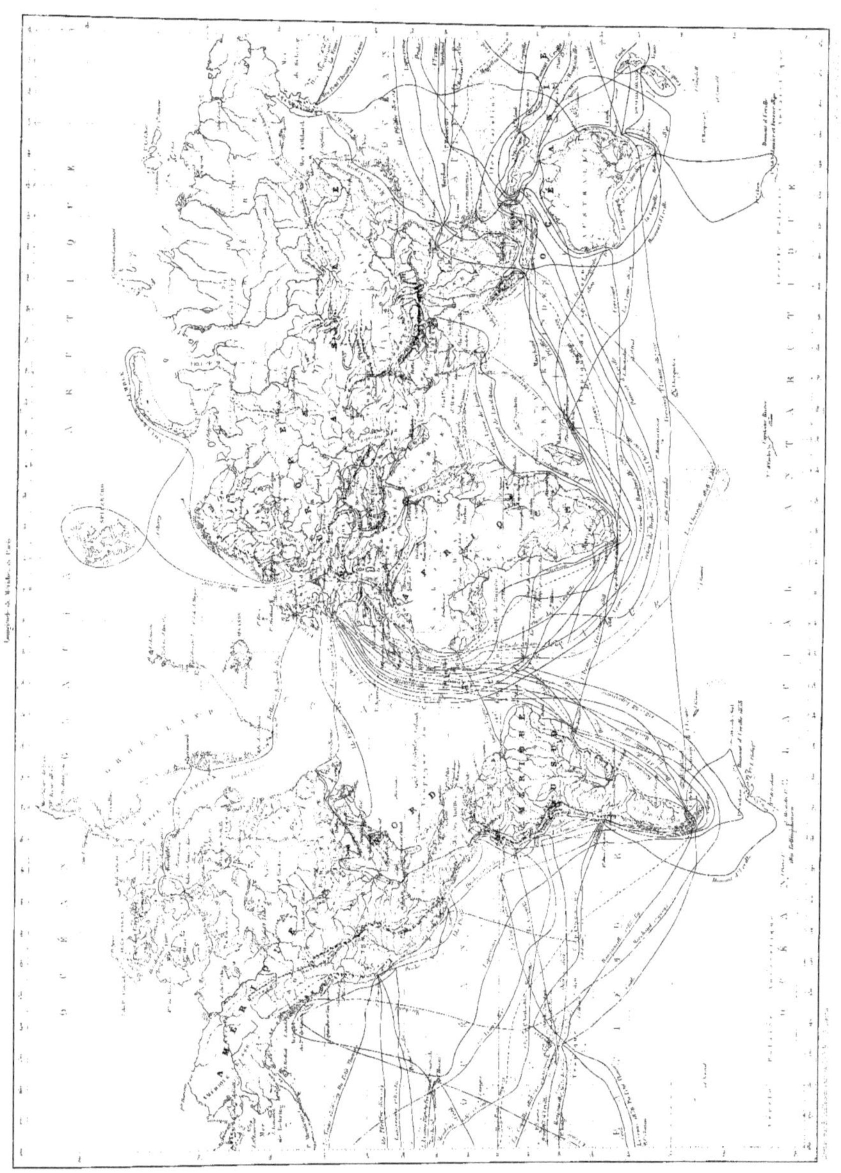

TABLEAU DE LA DISTRIBUTION DES CONNAISSANCES HUMAINES

DU RESSORT DE LA PHILOSOPHIE NATURELLE

M. Chevreul a eu la pensée, digne de son génie, de tracer un tableau de la distribution des connaissances humaines du ressort de la philosophie naturelle, qui entre parfaitement dans le plan de cet Atlas.

Ce tableau que nous donnons, et qui représente la distribution des sciences, est supposé placé verticalement devant le lecteur.

A la marge du tableau, à la gauche du lecteur, on lit : SCIENCES NATURELLES PURES, *au point de vue concret*. Une flèche rouge aboutit par son fer au-dessous d'une accolade de la même couleur, et au-dessus de cette accolade on lit les noms des sciences pures *au point de vue concret*, à savoir :

1° *Chimie* ;

2° *Distinction des minéraux, en* { *espèces, roches, terrains,* } { *couches. assises. massifs.* }

Mode de formation :
3° *Plante-individu* ;
4° *Animal-individu* ;
5° *Anatomie zoologique de l'individu* ;
6° *Physiologie zoologique de l'individu*.

Au-dessus des mots SCIENCES NATURELLES PURES, qui sont à la légende de la marge, on lit : B, *au point de vue abstrait* ; et l'on voit une flèche verte dont le fer aboutit au milieu d'une accolade de même couleur, laquelle comprend six sciences de l'*abstrait* correspondant aux sciences du *concret*.

Les six sciences de l'*abstrait* sont :
1° *Physique*, correspondant à la *chimie* ;
2° *Distinction des terrains d'après les époques respectives de leur formation*, correspondant à la *distinction des minéraux* (une ligne rouge, partant de ces derniers mots, aboutit à une ligne verte partant des mots *distinction des terrains*).

Le mot *géologie* est le résultat des connaissances du *concret* et de l'*abstrait*, d'où partent la ligne rouge et la ligne verte.

3° *Classification des plantes, en espèces, genres, familles, ordres, classes et embranchements*, correspondant à la *plante-individu* ;
4° *Classification des animaux en espèces, genres, familles, ordres, classes et embranchements*, correspondant à l'*animal-individu* ;
5° *Anatomie comparée et anatomie générale*, correspondant à l'*anatomie zoologique de l'individu* ;
6° *Physiologie comparée*, correspondant à la *physiologie zoologique de l'individu*.

PREMIÈRE CATÉGORIE

CHIMIE. — Le but que se propose la chimie, en réduisant la matière inorganique à des types dont chacun est défini par l'ensemble de ses propriétés *physiques, chimiques et organiques*, distingue cette science de toute autre. Les types sont appelés *espèces chimiques*. L'étude spéciale des chimistes est dans la connaissance de l'ensemble des propriétés de chaque espèce de matière. Mais la faiblesse de l'esprit humain est telle, que le chimiste doit recourir à la *physique* s'il veut connaître exactement, d'une manière parfaitement définie, les *propriétés physiques* des espèces, et à la *physiologie* s'il veut connaître parfaitement aussi leurs *propriétés organoleptiques*. Le tableau présente en conséquence deux lignes rouges, allant l'une à la *physique*, l'autre à la *physiologie*.

PHYSIQUE. — Le *caractère d'abstraction* est dans la définition de la *physique*, car elle étudie, dit-on, les *propriétés générales de la matière*. La propriété générale physique, étudiée, peut être : 1° *Une propriété permanente comme la pesanteur* ; 2° *Une propriété passagère comme la sonorité*. Les propriétés physiques que les corps manifestent sont étudiées relativement à l'intervention des agents appelés *chaleur, lumière, électricité, magnétisme*. La chimie, en définissant la matière en espèces pures, assure le résultat de l'étude du physicien, et, par réciprocité, la définition précise des propriétés physiques des espèces fait retour à l'histoire chimique de ces espèces. Cette réciprocité de services est indiquée par la ligne rouge tirée de la chimie à la physique, et par la ligne verte tirée de celle-ci à la chimie.

GÉOLOGIE. — Elle se compose d'une partie relative au *concret*, et d'une partie relative à l'*abstrait*.

Partie concrète. — La géologie, telle qu'elle est envisagée dans les traités généraux consacrés à cette science, renferme l'histoire du monde inorganique du globe terrestre, lequel comprend des solides qu'on appelle minéraux, des liquides et une atmosphère gazeuse.

Partie abstraite. — La géologie comprend une partie purement abstraite, dont l'objet est de déterminer les époques respectives de formation des couches et des massifs constituant l'écorce terrestre.

BOTANIQUE. — La botanique est aussi composée d'une *partie concrète* et d'une *partie abstraite*.

En conséquence, la botanique est représentée dans le tableau par la coïncidence d'une ligne rouge partant de la *plante-individu*, qui est la *partie concrète*, et d'une ligne verte partant de la *classification des plantes-espèces, en genres, en familles, en ordres, en classes, en embranchements*, qui sont la *partie abstraite*.

ZOOLOGIE. — La zoologie se prête aux mêmes considérations que la botanique relativement à sa distinction en deux parties, l'une concernant le *concret* et l'autre l'*abstrait*.

Entre la partie *abstraite* de la zoologie et la partie abstraite de la botanique, il existe cependant une différence qui porte sur les groupes supérieurs au *groupe-famille*, comparativement envisagés dans les deux sciences. En zoologie, le *groupe-ordre*, le *groupe-classe*, le *groupe-embranchement* ont quelque chose de plus précis dans leur subordination, relativement à l'idée de perfection que nous nous faisons de la méthode naturelle, que les *groupes-correspondants* de la botanique n'en ont entre eux. Quelques moments de réflexion expliquent cette supériorité de la méthode zoologique par le fait de l'existence d'un terme de comparaison en zoologie qui manque en botanique. Ce terme de comparaison est l'homme considéré au point de vue anatomique et des fonctions de ses organes. Grâce à cette comparaison, il est permis de prononcer sur les divers degrés de supériorité qu'on observe dans les animaux, tandis qu'en botanique, faute de ce terme, il est difficile d'établir des ordres et des classes comparables, au point de vue de la méthode, aux groupes supérieurs de la zoologie.

ANATOMIE. — L'anatomie a commencé par la dissection de l'individu, et cette partie *concrète*, pratiquée sur l'homme, sur le singe, etc., a été qualifiée d'*humaine*, de *chirurgicale*, et de *zoologique* quand elle a été faite sur les animaux d'une manière isolée, ainsi que Daubenton a procédé dans les *Anatomies de l'Histoire naturelle* de Buffon.

La partie *abstraite*, en anatomie, est fort distincte de la partie abstraite des autres sciences naturelles, parce qu'elle se subdivise *en anatomie comparée et anatomie générale*.

L'*anatomie comparée* étudie une même partie dans l'ensemble des animaux qui la possèdent ; par exemple, les organes des sens du toucher, du goût, de l'odorat, de l'ouïe, de la vue. Lorsque l'*anatomie concrète* a étudié successivement ces organes dans un même individu, l'*anatomie comparée* étudie chacun de ces organes comparativement dans l'ensemble des animaux.

L'*anatomie générale* prend les parties des divers organes appelés *organismes élémentaires* (éléments anatomiques), *tissus* qui sont communs à divers organes, afin de les étudier comparativement dans tous ces organes. Ainsi elle étudiera le tissu nerveux, le tissu musculaire, le tissu osseux, le tissu cellulaire, etc., des divers organes.

On voit, par la convergence de la ligne rouge tirée de l'anatomie zoologique de l'individu, et des deux lignes vertes tirées de l'anatomie abstraite, dite comparée et générale, la composition de l'anatomie considérée au point de vue complet.

On voit en outre le concours de la chimie, de la physique, de la géologie et de la zoologie avec l'anatomie.

PHYSIOLOGIE. — La physiologie, comme les autres sciences naturelles, se compose de deux parties. En effet, le physiologiste devant connaître les fonctions de toutes les parties que l'anatomiste a étudiées dans l'individu, et de chacune de ces parties envisagées dans l'ensemble des espèces diverses d'animaux qui en sont pourvus, il faut qu'il existe une *physiologie comparée* correspondant à l'*anatomie comparée* ; mais aujourd'hui la différence est grande entre ce qu'on sait de l'une et ce qu'on sait de l'autre ; car la disposition et la structure des organes sont bien plus faciles à connaître par les procédés de l'anatomiste, que ne le sont les fonctions par les expériences des physiologistes. L'anatomie est pratiquée depuis des siècles, et la physiologie expérimentale date de notre temps. La première dissèque des cadavres ; la seconde opère sur des êtres vivants, c'est-à-dire sur ce qui existe de plus complexe et de plus mystérieux pour l'observateur le plus exact, comme pour le philosophe le plus profond. L'anatomie s'occupe exclusivement de l'*être mort*, et le physiologiste de l'*être vivant*.

La physiologie, dans laquelle M. Chevreul comprend la pathologie, est en possession de donner à la chimie toutes les notions exactes qui se rattachent aux effets produits par des espèces chimiques introduites dans l'économie animale, comme aliments, remèdes, venins, poisons, etc., etc. C'est ce rapport qu'expriment les lignes rouge et verte partant de la physiologie et aboutissant à la chimie. Si quelque chose montre la complexité de la physiologie, c'est sans doute la convergence de toutes les lignes partant des diverses sciences naturelles qui y aboutissent.

DEUXIÈME CATÉGORIE

SCIENCES MATHÉMATIQUES PURES. — En prenant une espèce chimique, un cylindre, par exemple, on a pu se rendre compte comment l'esprit humain a procédé pour en étudier les propriétés physiques d'une manière précise : la dureté, la dilatabilité, la ductilité, la ténacité, etc., etc. Puis en considérant l'étendue de ce cylindre et le moyen de la mesurer, on est conduit aux mathématiques. Ce moyen exige la distinction de deux grandeurs : la *grandeur continue* (l'étendue), et la *grandeur discontinue* (le nombre). L'étendue est la propriété la plus générale, celle qui frappe les sens avant toute autre, dans la matière qu'on voit ou qu'on touche.

Une flèche courbée avec la légende du *complexe au simple*, méthode analytique, tout à fait conforme à ce qui précède, s'arrête au-dessous d'un cercle dont la circonférence représente l'*arithmétique*, l'*algèbre*, la *géométrie*, la *mécanique* et le *calcul différentiel et intégral*. Des lignes noires établissent les relations mutuelles des mathématiques. Le centre représente la résultante des mathématiques. Des lignes noires partant du cercle se rendent aux sciences que les mathématiques pures éclairent, à savoir : la physique, la chimie, la géologie, etc.

TROISIÈME CATÉGORIE

SCIENCES MATHÉMATIQUES APPLIQUÉES. — Au-dessous du cercle, on lit : *Mathématiques appliquées*, et au-dessous sont deux accolades de couleur orangée, comprenant entre elles les diverses applications des mathématiques. Sous l'accolade supérieure, il y a deux autres accolades, pareillement de couleur orangée, portant pour suscription : l'accolade de gauche A, *Aux corps célestes*, et l'accolade de droite B, *Aux corps terrestres*.

Sous l'accolade de gauche, on lit : *Astronomie*. Une ligne noire tirée du centre du cercle représente la résultante des mathématiques pures appliquées à l'astronomie. Une ligne rouge part de la chimie, et une ligne verte de la physiologie pour se rendre à l'astronomie.

Sous l'accolade de droite il y a, comme il est facile de le penser, bien plus d'applications qu'il n'y en a sous l'accolade de gauche. Une ligne noire partant du cercle aboutit à une accolade sous laquelle on lit : *Géodésie et Géographie* ; et une ligne orangée, partant de l'astronomie, montre le rapport de l'astronomie avec la *géodésie* et la *géographie* ; une ligne verte partant de la physique aboutit à la *géographie*. Une ligne noire, tirée du centre du cercle à une ligne noire tirée de la mécanique, aboutit à une accolade comprenant un certain nombre d'applications : à la mécanique des solides, des liquides, des fluides élastiques ; aux machines ; *à la mécanique appliquée au point de vue statique* ; aux constructions civiles, militaires et navales ; et *au point de vue dynamique*, à l'artillerie comprenant la balistique, et à la navigation.

Une ligne orangée part de la mécanique des corps terrestres à la physique, et une ligne verte va de la physique à cette mécanique.

Une ligne verte partant de la physique, et deux lignes rouges partant, l'une de la chimie, et l'autre de la géologie, aboutissent aux constructions.

Une ligne verte partant de la physique, et une ligne rouge partant de la chimie, aboutissent à *artillerie* et à *navigation* ; une ligne orangée partant de l'astronomie, aboutit aussi à *navigation*.

Enfin des lignes de couleur orangée, partant de la mécanique appliquée aux corps terrestres, aboutissent à la résultante des connaissances applicables à l'anatomie et à la physiologie, et représentent bien la science de la *mécanique animale*.

QUATRIÈME CATÉGORIE

SCIENCES NATURELLES APPLIQUÉES. — Les sciences naturelles appliquées sont comprises entre deux accolades de couleur violette. M. Chevreul en compte trois : la *minéralogie*, les *sciences agricoles* comprenant l'*économie végétale* et l'*économie animale* ; enfin les *sciences médicales*.

La minéralogie, longtemps confondue avec la partie concrète de la géologie, en a été distinguée par Dolomieu et surtout par Haüy, lorsqu'ils ont cherché à définir l'*espèce minéralogique* ; mais celle-ci envisagée au point de vue le plus général est identique avec l'*espèce chimique*, quand elle ne renferme aucune matière étrangère. La minéralogie restreinte à l'histoire des *espèces chimiques pures* n'a aucun caractère qui lui soit propre.

Elle est la résultante de connaissances qu'elle doit à la chimie, à la physique, à la partie concrète de la géologie, aux sciences mathématiques pures, surtout à la géométrie. Les lignes indiquent ces relations.

Il est évident qu'en attribuant à la minéralogie plusieurs des minéraux compris dans la partie concrète de la géologie, cela ne changerait rien à l'esprit qui a présidé à la distribution des connaissances dénommées dans ce tableau. Seulement il est bon de remarquer le retour que l'étude des espèces minéralogiques fait à la géologie. Une ligne violette part en conséquence de la minéralogie et atteint la géologie.

Les *sciences agricoles* sont aussi des sciences naturelles appliquées ; car elles n'ont aucun caractère scientifique qui leur soit propre ; elles se composent de notions empruntées aux sciences naturelles pures et aux sciences mathématiques pures et appliquées. Leur but est d'atteindre au *maximum* de production des plantes et des animaux utiles avec le *minimum* des dépenses.

Aux *sciences agricoles* aboutissent quatre lignes : deux partant de la chimie et de la physique ; une troisième, de couleur rouge, part de la partie concrète de la géologie, et une ligne orangée de la mécanique appliquée ; enfin une ligne noire part du centre du cercle des mathématiques pures.

Une ligne verte et une ligne rouge, partant de la botanique, aboutissent à l'*économie végétale*.

Une ligne verte et une ligne rouge, venant de la zoologie, aboutissent à l'*économie animale* ; des lignes rouge et verte partant de la résultante de l'astronomie y aboutissent aussi ; il en est de même des lignes rouge et verte venant de la physiologie.

Mais il n'est pas possible d'oublier que la culture des plantes au point de vue horticole et agricole a fourni et fournit à la science pure de la botanique, de la zoologie, de la physiologie végétale, des connaissances précieuses. Même remarque pour les renseignements que l'économie animale tire des observations faites par les éleveurs d'animaux domestiques. De là une ligne violette aboutissant à la botanique, à la zoologie, à l'anatomie et à la physiologie.

Les *sciences médicales*, dont le but est de guérir les maladies n'ont, comme les précédentes, aucun caractère essentiel ; car elles empruntent, pour atteindre ce but, toutes les connaissances qui les constituent aux sciences naturelles pures et aux sciences mathématiques. Cette manière de raisonner reconnaît qu'au point de vue de la science pure, il faut nécessairement admettre que la connaissance des défauts de la structure des organes de l'homme et les maladies font partie intégrante de l'anatomie et de la physiologie, du domaine de la science pure. Mais en réalité les chirurgiens et les médecins, occupés spécialement des défauts de la structure des organes, des blessures et des maladies de l'homme, fournissent à la science pure, anatomique et physiologique, d'excellents renseignements. C'est ce que représentent les lignes de couleur violette qui partent des sciences médicales pour aboutir aux résultantes de l'anatomie et de la physiologie pures.

Les lignes tirées de la chimie et de la physique, les lignes tirées de la botanique, de la zoologie, de l'anatomie, de la physiologie, auxquelles il faut ajouter les lignes de couleur orangée qui aboutissent à l'anatomie et à la physiologie, représentent les relations des sciences chimique et physique avec les sciences médicales.

Enfin une ligne de couleur violette tirée des sciences médicales, à l'économie animale montre le rapport de la médecine de l'homme avec celle des animaux, qu'on appelle science ou *art vétérinaire*.

Tel est l'ingénieux et savant tableau que M. Chevreul a tracé avec sa sagacité et sa logique ordinaires.

DISTRIBUTION DES CONNAISSANCES HUMAINES DU RESSORT DE LA PHILOSOPHIE NATURELLE.

PAR M.E. CHEVREUL.

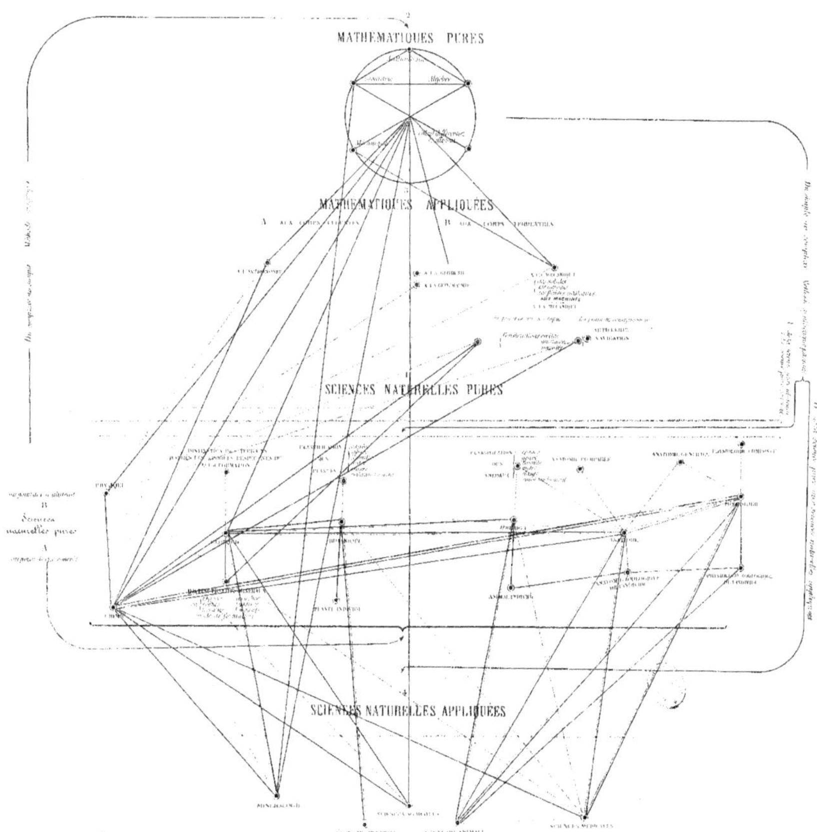

TABLE DES CARTES

J. CLAYE, IMPRIMEUR, RUE SAINT-BENOIT, 7.